パーフェクト図解

天気と気象

異常気象のすべてがわかる!

気象予報士
佐藤公俊 著
東京大学 教授
木本昌秀 監修

学研

異常気象は増えている

竜巻を引き起こす巨大積乱雲

スーパーセル

スーパーセルとは、巨大な1個の積乱雲。その大きさは何と数十kmにも及ぶ。空気の渦が回転しながら急増していく。激しい雨や強い竜巻などを引き起こす危険な雲である。（アメリカ合衆国ネブラスカ州）

全国的に暴風が吹き荒れる

爆弾低気圧

非常に湿った暖気と強い寒気がぶつかることで、急激に発達するのが爆弾低気圧。全国的に暴風を発生させる。2012年4月3日、東京の最大瞬間風速は29.6m/sを観測した。（2012年4月3日 東京で暴風）

長時間豪雨が引き金!

深層崩壊

深層崩壊は豪雨に誘発されて発生する。表層の土壌だけではなく、その下の岩盤が深い時には数十mも同時に崩れ落ちる。（2011年 奈良県十津川村）

国内最大規模で発生

竜巻の猛威

2012年5月、茨城県つくば市で発生した竜巻は国内最大級。常総市からつくば市にかけて被害が及んだ。スーパーセルという巨大積乱雲によって引き起こされた。

メッセージ

世界とつながり合う気象

佐藤公俊

最近さまざまなメディアで取り上げられているように、激しい雨や猛暑など異常気象が増えていると感じている方が多いのではないだろうか？ では、実際どうしてこのような異常気象が起こるのか？ その答えを知るには大きな視点が必要である。

地球の大気はつながっているので、地球の反対側の気象が日本に影響することもある。日本の異常気象は、偏西風の蛇行、北極振動、エルニーニョ、インド洋の海水温などが影響し合って起こっており、世界と深く関わっている。日本の気象は、どのような世界の現象と関わっているか、グローバルな視点で気象を感じていただきたい。

また、気象の根本は、目に見えない小さな空気分子の運動に支えられている。分子の運動が熱を生み、熱の変化が雲を生む。雲の活動は、その地域の天気を変えるだけでなく、遠くの地域の天気と関係していることもある。こうした目に見えない小さな変化が、地球規模の大きな変化につながっていく気象の面白さを、分かりやすく見ていきたい。

異常気象とは、気象庁の定義では30年に１回以下、30年に１度あるかないかの現象である。だいたい一世代に1回程度起こる現象と言える。また一般には、普段起こらないような激しい現象などにも使われていて、本書では竜巻、台風、ゲリラ豪雨などの激しい現象も解説している。

木本昌秀

日本は、毎年のように梅雨時の集中豪雨に見舞われ、夏から秋にかけては台風の動向からも目が離せない。これに加えて、地球温暖化に都市化の影響も加わって、熱中症で運ばれる方の数の増加傾向が顕著である。2010年の猛暑のような記録的な異常気象や2008年に尊い命を奪ったゲリラ豪雨のような気象災害が起こると、いったい気象はどうなってしまったのか、これからはどうなるのか、と思われる方も多いだろう。

いうまでもなく天気は日々変化するのが常で、気温にしても高低を繰り返しながら季節がゆっくりと進行してゆく。平年値は、その季節の目安にはなるが、実際にはそこから大きく離れた気象が生ずることもある。平年値から離れるほど起こる頻度は小さくなるが、それでも忘れたころにやってくるのが、気象災害や異常気象なのである。災害や異常天候に遭ってもできるだけ被害を最小に食い止めるために、そして、なにより貴重な人命を失わないように、気象の観測、予測の技術を進める努力が続けられている。しかし、それでも気象災害や異常気象の発生をゼロにすることは不可能である。

気象災害や異常気象がどのように起こっているのか、また、それらをもたらす要因は何なのか? 毎日の天気予報では解説しきれないところに踏み込んで、しかし、あまり理屈っぽくならないようにお伝えしようというのが本書の趣旨である。さいわい、現代では新聞やテレビ、ラジオのほかに、インターネットで最新の気象情報を得ることができるようになった。ゲリラ豪雨のような局地的、突発的な災害も、よく注意して天気予報やレーダー画像をチェックしていれば、ある程度被害を避けることができる。

本書は、これらの気象情報を一般の方が見るため、あるいは、集中豪雨などから身を守るために必要な気象の知識を、図解を中心にわかりやすくお伝えすることを心がけた。とくに長期にわたる異常天候は、毎日見る天気図の範囲よりはるかに広い範囲のグローバルな大気や海洋の変動と関連しており、通常の気象解説書ではじゅうぶんに扱われていない場合も多い。本書は、気象についてとくに予備知識がなくとも楽に読んでいただけるよう、異常気象にはどのような地球規模の現象が関連しているかもその手がかりをとらえてもらえるよう、配慮した。本書をご覧いただいた後で、天気予報や気象に関する報道がよりわかりやすくなった、と思っていただければ望外の喜びである。

天気と気象｜目次

第3章 気象のきほん 異常気象がさらにわかる

第4章 天気図 見る・読む

第5章 気象予報 見方と実践

本書の特徴と見方

本書は気象を知り、近年大きな話題になっている「異常気象」や「地球温暖化」などを中心に、天気と気象を幅広く図解、解説した画期的な気象の本です。なぜ起こるのか、どうしたら事前に知ることができるのかなどを、気象予報士の著者がわかりやすく解説します。

❶ テーマ

❷ この頁の主題

❸ 主題を読み解く具体的な内容

❹ 多数のオリジナル図でこの頁のテーマを視覚的に理解できるようにしっかりアシスト。本書の一大特徴です。チェック項目を積極的に図の中に落とし込んであります。

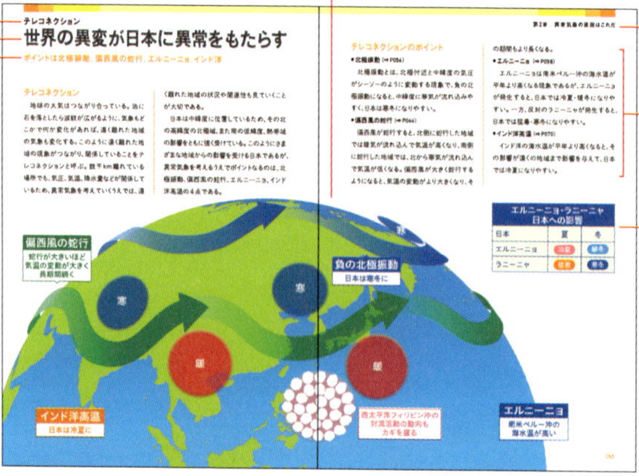

❺ 章とテーマがいつでも確認できるように、右上に表示しています。

❻ 難しい内容を分かりやすく図に添った形で解説します。まるで著者の気象情報を聞いているようです。

❼ 図や文章を理解しやすくするためにプラスアルファの表も。

❶❶ コラム

❶❷ タイトル

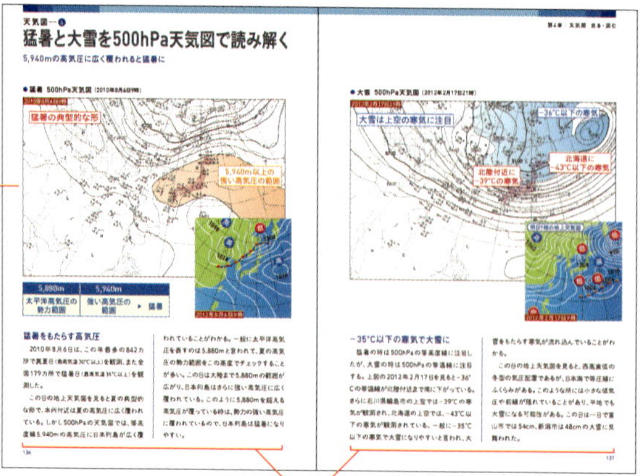

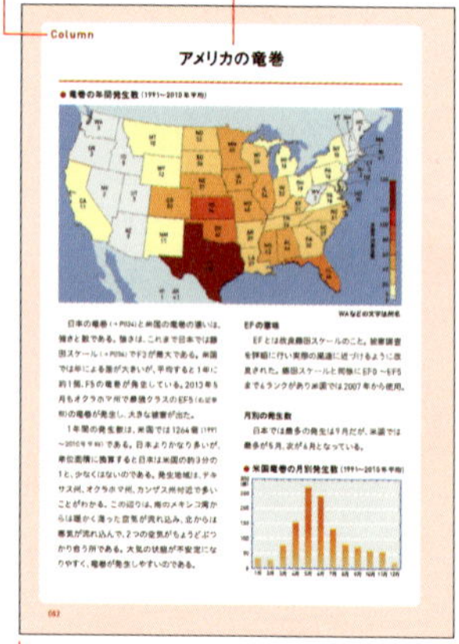

❽ 地上天気図と高層天気図で、天気を立体的に見ていきます。日本列島の位置も常によく分かります。天気図を見るのが楽しくなります。

❾ 記憶に新しい気象災害などを、天気図を見ながら振り返ってみます。平易な解説と相まって、なるほどとうなずけます。

❶⓿ 天気図を読み解くための知恵なども分かりやすく伝授します。

❶❸ 本文に入りきらない「気になるテーマ」を、1頁の図と簡明な文章で解説します。章の間の箸休めです。

本書をすべて読みきったら、きっと気象への興味がふくらみ、日々の天気もさらに身近なものになるでしょう。

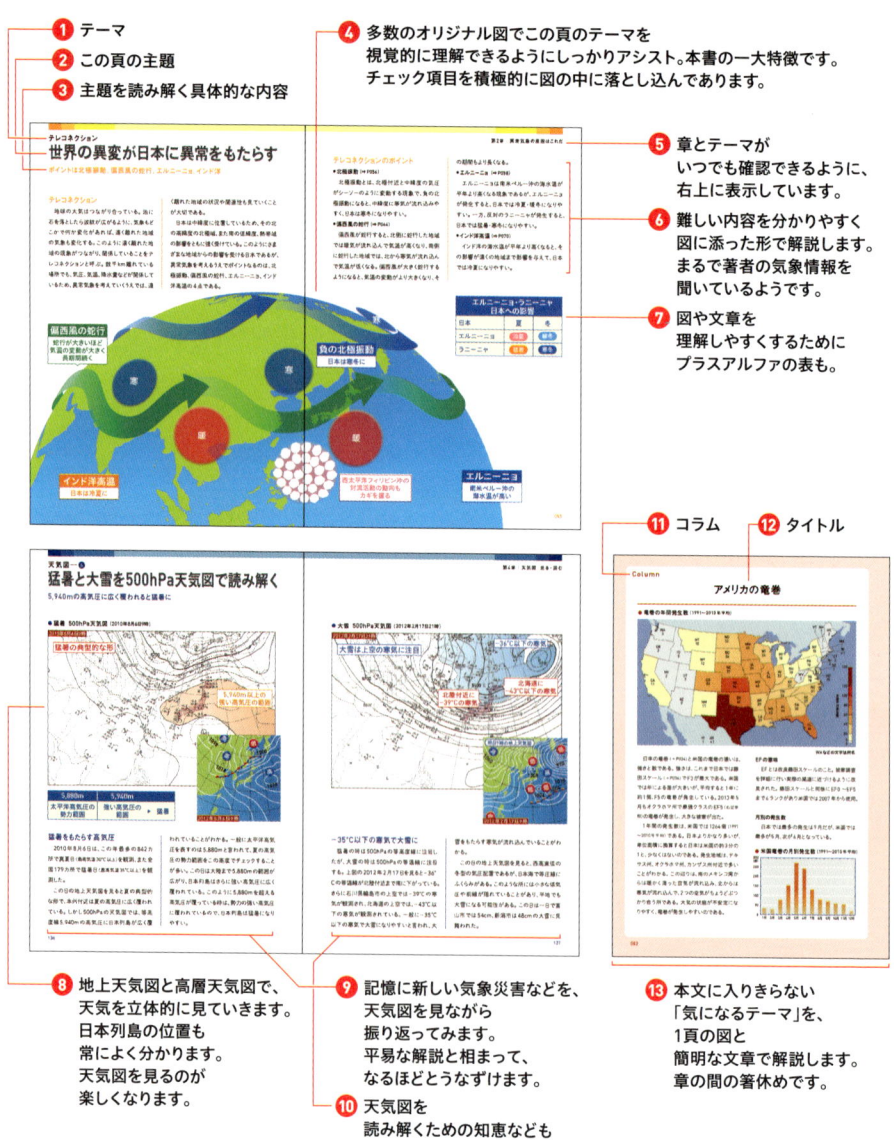

第1章

異常気象とそのしくみ

ゲリラ豪雨、爆弾低気圧、竜巻など、
近年よく耳にするようになった異常気象のしくみを
図と文でわかりやすく説明します。

ゲリラ豪雨—❶

湿った暖気と寒気が引き金

突発的に発生するゲリラ豪雨

●ゲリラ豪雨のメカニズム

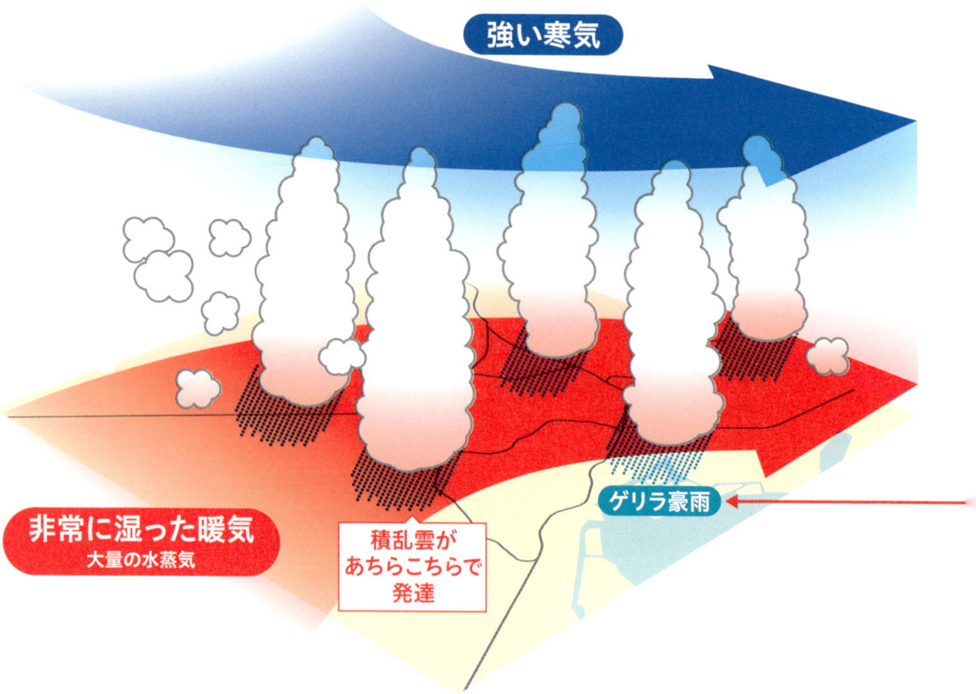

非常に湿った暖気は雨粒のもととなる水蒸気をたくさん含む。その上空に強い寒気が流れ込むと、大気の状態が非常に不安定になり、積乱雲があちこちで発達し、強い風の吹き出しとともにゲリラ豪雨が発生する。

突発的・局地的なゲリラ豪雨

「ゲリラ豪雨」とは正式な気象用語ではないが、突発的で局地的な豪雨を指して使われている。

こうしたゲリラ豪雨が起こるのは、大気の状態が非常に不安定な時（⇒P090）である。たいへん湿った暖気が流れ込み、上空に強い寒気が流入すると、大気の状態が非常に不安定になる。このような時には、あちこちで発達した積乱雲が発生し、局地的な豪雨をもたらす。降る範囲は数kmくらいで、時間も短く数十分で終わることが多いが、100mm以上の雨が降ることもある。

現在の予報技術では、事前にこの地域のどこかでゲリラ豪雨が発生することは予測できるが、何時にどの場所で起こるかまでは、実際に積乱雲が発生してからでないとわからない。

● ゲリラ豪雨のレーダー（2008年8月5日）

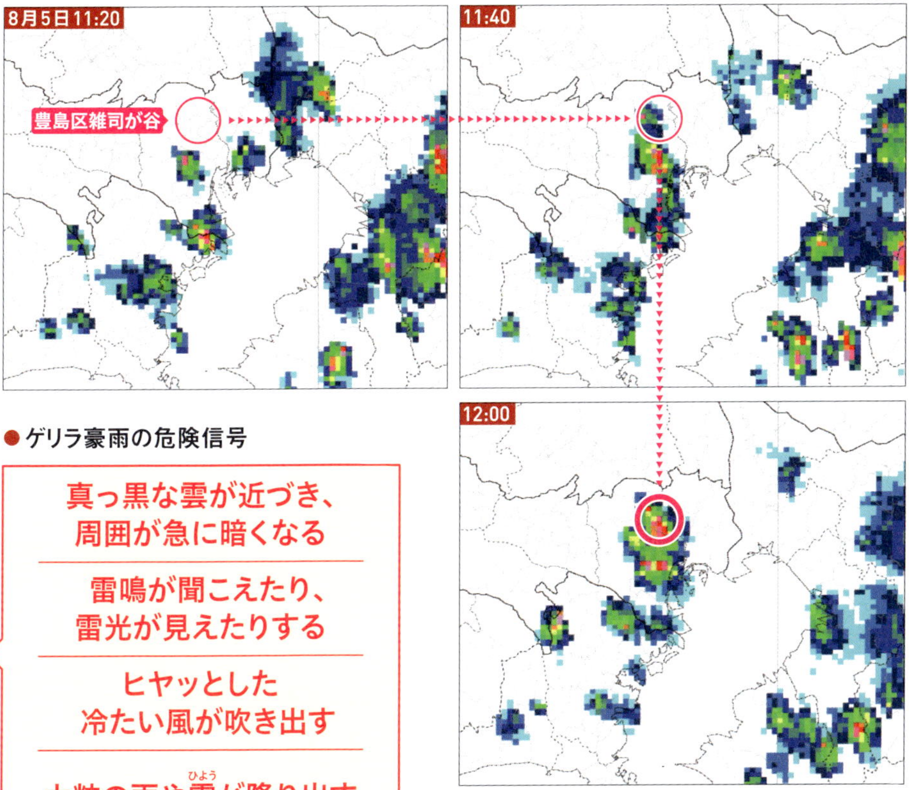

2008年8月5日、東京地方は大気の状態が非常に不安定になり、23区西部を中心に非常に激しい雨が降った。豊島区雑司が谷の下水道作業現場では、11時40分〜12時頃に、下水道管内の急な増水により、工事中の作業員5人が流され亡くなった。

● ゲリラ豪雨の危険信号

真っ黒な雲が近づき、
周囲が急に暗くなる

雷鳴が聞こえたり、
雷光が見えたりする

ヒヤッとした
冷たい風が吹き出す

大粒の雨や雹《ひょう》が降り出す

真上に急発達した真っ黒な積乱雲が現れ、急に涼しい風が吹き始めたら、ゲリラ豪雨の危険大。

夕立とゲリラ豪雨の違い

夕立は地表面の暖まる午後に生じるが、ゲリラ豪雨が起こる日は朝から強いレーダーエコー（レーダー受信された電波）が点在するのが特徴。夕立は大規模な積乱雲が発達しないので、被害を生む大雨には至らない。

わずか20分の豪雨が人命を奪う

2008年8月5日のレーダー画像を見ると、小さくて活発な雨雲がたくさん発生して雑司が谷上空にかかっている。雨が降り出して10〜20分後に増水死亡事故が起きたことになる。事故現場から150m離れた東京都雨量計によると、事故が起きた時刻には20分間で20mmの雨が降った。1時間で60mmの非常に激しい雨である。都市部の地下では、わずか20分程度の非常に激しい雨が、時として人命を奪う恐ろしい水の流れになるのである。

ゲリラ豪雨—②

都市を急襲するゲリラ豪雨

狭い所へ濁流が流れ込み急激に水位が上昇

● 神戸・都賀川の事故

2008年7月28日、神戸市灘区都賀川では、急激な増水（14時40分～50分に約1.3mの水位上昇）のため、河川内の親水公園を利用していた市民・学童5名が流され、亡くなった。増水中に懸命の救助作業が行われた。

神戸を襲ったゲリラ豪雨

2008年7月28日、この日近畿地方には高気圧の縁を回る非常に暖かく湿った空気が流れ込み、上空には強い寒気が流れ込んだため、大気の状態が非常に不安定になり、ゲリラ豪雨が発生した。解析雨量分布図を見ると、事故現場付近では14時にはまだ雨は降っていないが、14時30分には降り始め、14時から15時には神戸市付近で約60mmの非常に激しい雨が降った。都《と》賀《が》川《がわ》の上流域では、最大で10分間に24mmの雨が観測された。10分で24mmは、1時間に換算すると144mmという猛烈な雨である。こうした猛烈な雨であったため、雨が降り始めてから10分も経たずに急激な増水が起こった。都賀川のように都市化した住宅地を流れる川は、降った雨が一気に川に流れ込むため、激しい雨が降ると短時間に水位が急激に上昇するのである。

● 神戸市の解析雨量分布図（2008年7月28日）

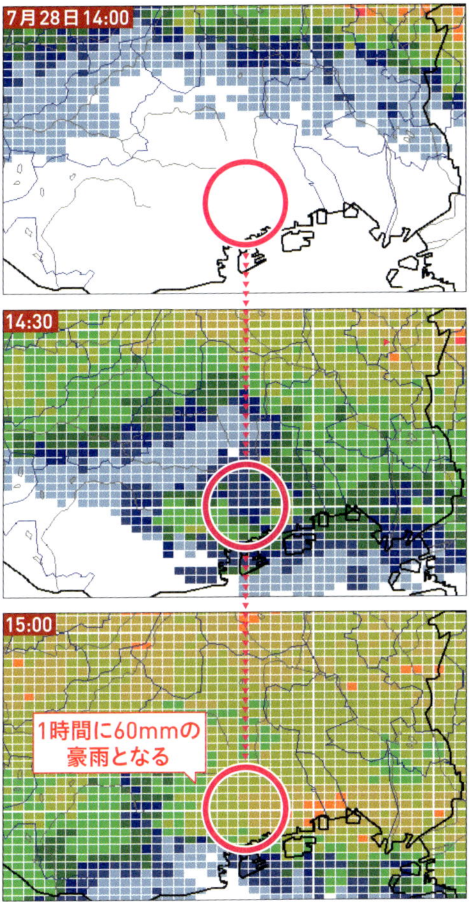

赤丸が事故現場付近。

レーダーと地上観測を合わせた1kmメッシュの雨量。神戸市付近で1時間に約60mmの非常に激しい雨。一気に川に流れ込むので、都市を襲うゲリラ豪雨は恐ろしい。

● 100mmの雨はこうなる

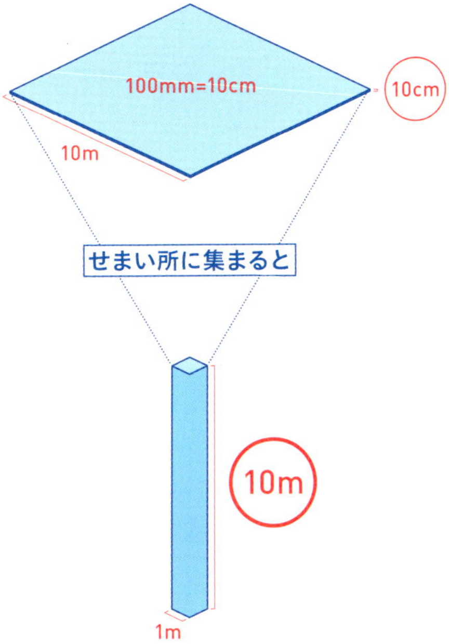

雨量は水柱の鉛直の高さで計測される。100mmの雨が一様に10m四方で降ったとしても、流れて1m四方に集まれば水位は高くなり、被害が生じる。

河川の近くでは自分の真上に降雨がなくても、大気の不安定な日は十分な注意が必要。

都市型災害の恐怖

都市では道路がアスファルト舗装され、コンクリートなどの建物も多いため、地下への雨水の自然浸透が低下している。このため、ひとたび豪雨があると、雨水が一気に下水道や中小河川へ流れ込み、溢れ出す。低地や道路の冠水、地下街などの浸水による被害が発生するこうした水害は「都市型水害」と呼ばれている。100mmの雨といえば、わずか10cmの深さの雨である。この雨が低い所に流れ集まり、$10m^2$に降った雨が$1m^2$に集まったとすると、10mもの深さになるのである。都市部で激しい雨が降り、排水能力を超えた雨水が低地に集まると、こうした大きな被害につながるのである。

集中豪雨—①

数時間で起こる豪雨の脅威

細長く発達した雲が集中豪雨を生む

● 平成23年7月新潟・福島豪雨のレーダー画像

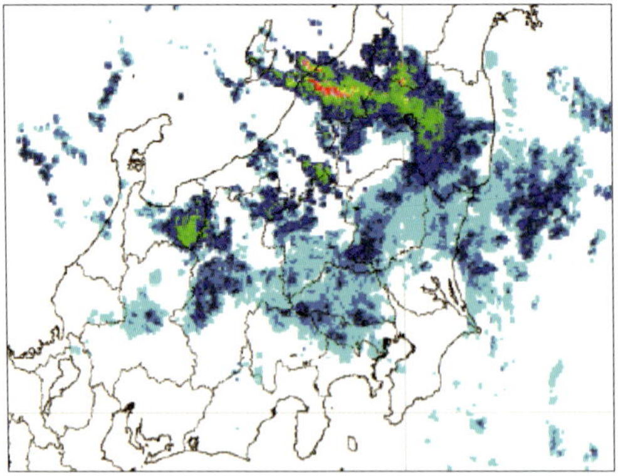

画像では活発な雨雲が細く連なっていることがわかる。このような雨雲が上空にかかり続けると、激しい雨が数時間も続き、低地の浸水や洪水、土砂災害などの危険性が高くなる。

● 平成24年7月九州北部豪雨のレーダー画像

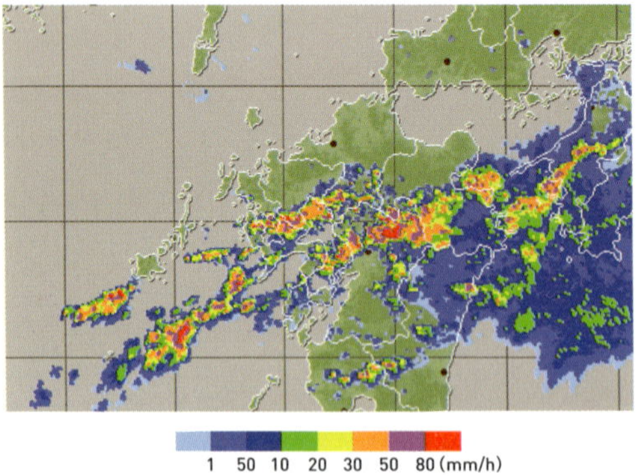

● テーパリングクラウド 2012年5月6日 14時30分可視画像

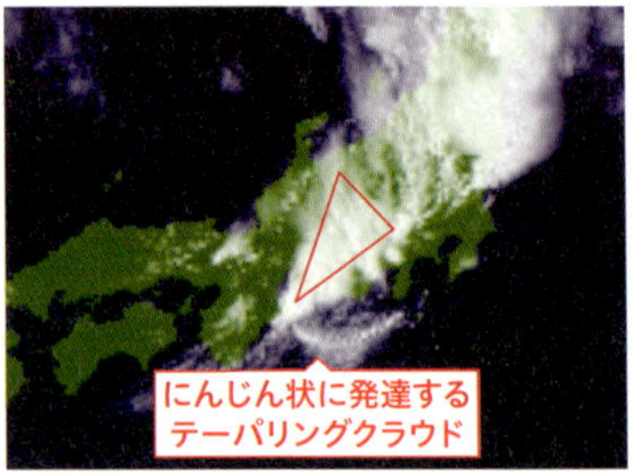

このような先のとがった、にんじん状の雲の下では激しい現象が起こりやすい。激しい雨が降りやすく、竜巻など激しい突風が吹く恐れもある。衛星画像でこのような雲が近くにある時は要注意。

線状降水帯という長い雨雲

集中豪雨の多くは、線状降水帯と呼ばれる細長い発達した雨雲が引き起こす。線状降水帯の長さは100～200kmくらい、幅は10～30kmくらいである。こうした雨雲がかかり続けると数時間激しい雨が降り、集中豪雨が起こる。

レーダー画像で平成23年7月新潟・福島豪雨と平成24年7月九州北部豪雨を見ると、ともに赤色の1時間に80mm以上の猛烈な雨を降らせるエリアが細長く連なっていて、数時間で200mmを超える大雨が降った。

線状降水帯のひとつで、テーパリングクラウドと呼ばれる雲がある。これは先のとがった雲という意味で、にんじん状の雲とも呼ばれる。風上に向かって雲はだんだんと細くなる積乱雲域である。この雲の下では集中豪雨が起こりやすく、突風なども発生しやすい。

● 線状降水帯の発生

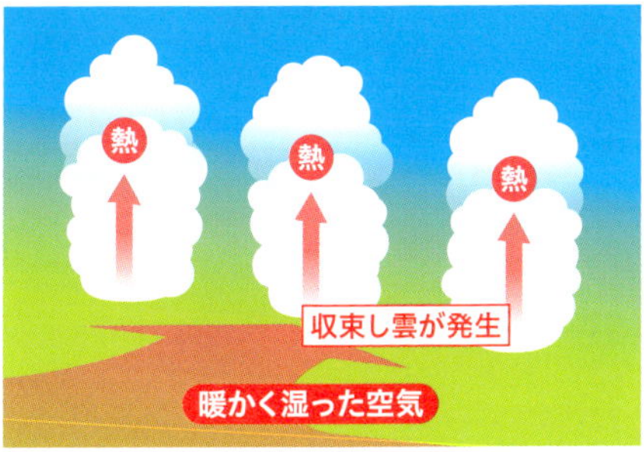

暖かく湿った空気が収束し雲が発生する。凝結熱によって上昇気流が強まり、雨雲が発達する。線状降水帯が発生する。

● 積乱雲、同じ場所で発生

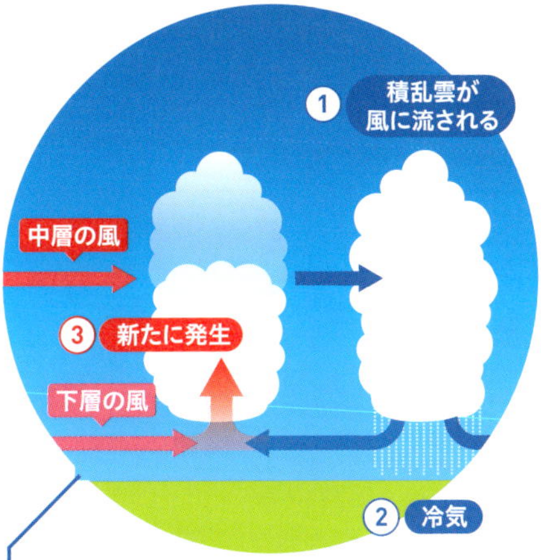

● 線状降水帯の最盛期

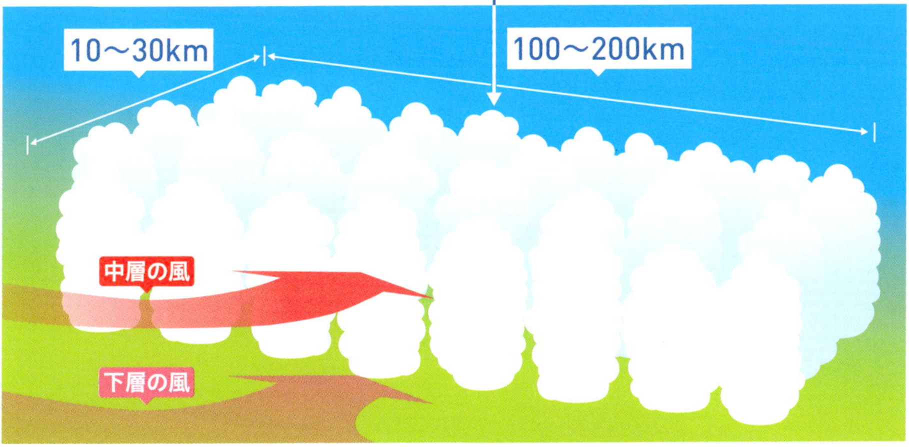

積乱雲は上空の風に流され、積乱雲から出される冷気によって次の新たな積乱雲が発生する。こうして積乱雲が増え、雨の範囲が広がっていく。

線状降水帯のメカニズム

線状降水帯ができるには、暖かく湿った空気のぶつかり（収束）がなければならない。収束した空気は上昇し、雲が発生する。雲は凝結熱を出し空気を暖めるため、さらに上昇気流が強まり、雨雲が発達する。収束した場所が線状であると、細長い降水帯ができ上がる。

このように暖かく湿った空気が線状に収束することで、線状降水帯が発生する。

風と冷気で広範囲に

収束した地域でできた積乱雲は、中層の風に流される。積乱雲の下では雨の蒸発などにより冷気が作られ、その冷気と下層の暖かく湿った空気がぶつかって、新たに積乱雲が発生する。はじめに収束して積乱雲ができた場所と同じような場所で新たな積乱雲ができる。こうして中層の風の吹く方向に10〜30kmの幅の降水帯ができるのだ。

集中豪雨—❷

前線・低気圧周辺と南側は要注意

集中豪雨が発生しやすい所

●線状降水帯の発生場所

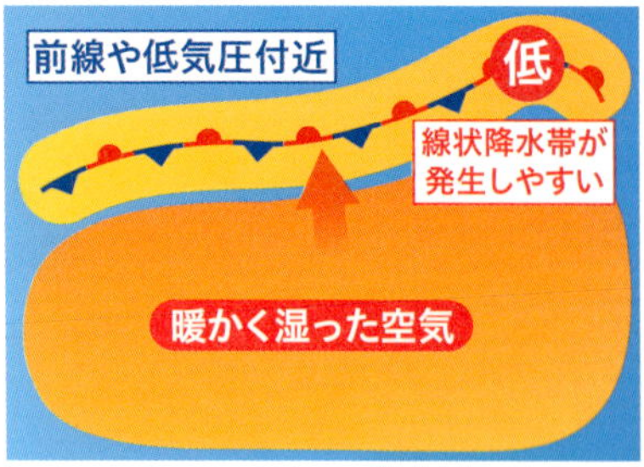

線状降水帯が発生しやすいのは、暖かく湿った空気が流れ込み、収束の起こりやすい場所である。低気圧と前線付近、それにその南側で発生しやすい。

●2000年東海豪雨

2000年の東海豪雨は、線状降水帯で記録的な大雨になった。名古屋市では日降水量が428.0mm、1時間降水量が97.0mmといずれも観測史上1位の記録となり、5時間で260mmを超える大雨となった。

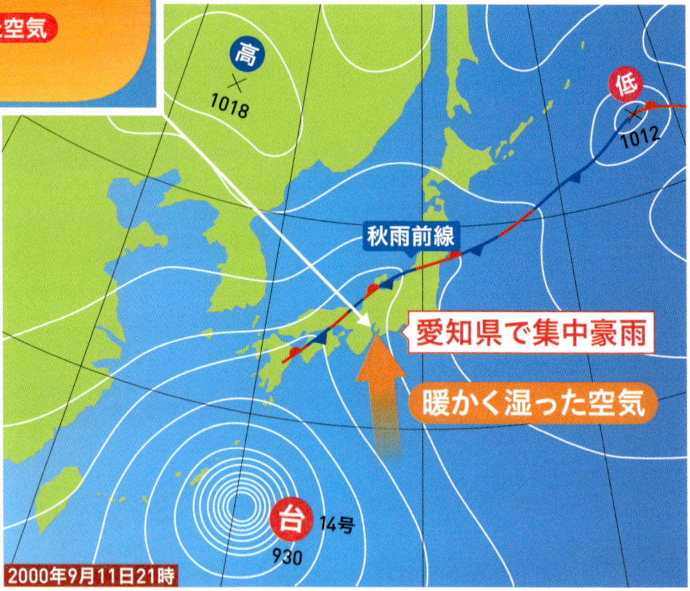

線状降水帯の発生場所

線状降水帯ができる場所は大きく2つに分けられる。ひとつは前線や低気圧付近、もうひとつは前線や低気圧の南側、暖かく湿った空気が流れ込むエリアである。

前線や低気圧付近は、気団の境目で次々に雲が発生するので、その中に線状降水帯が含まれることがある。一方、その南側のエリアでは、雨粒のもととなる水蒸気はたくさんあり、風と風のぶつかり（収束）が起こった場合に線状降水帯が発生する。

台風から離れた場所で集中豪雨

上図の暖かく湿った空気のエリアでも、特に台風周辺では線状降水帯ができやすい。2000年東海豪雨の時は南の海上に台風があり、前線は北陸から東北まで北上していた。台風周辺の暖湿な空気が東海地方に流れ

● 平成24年7月九州北部豪雨

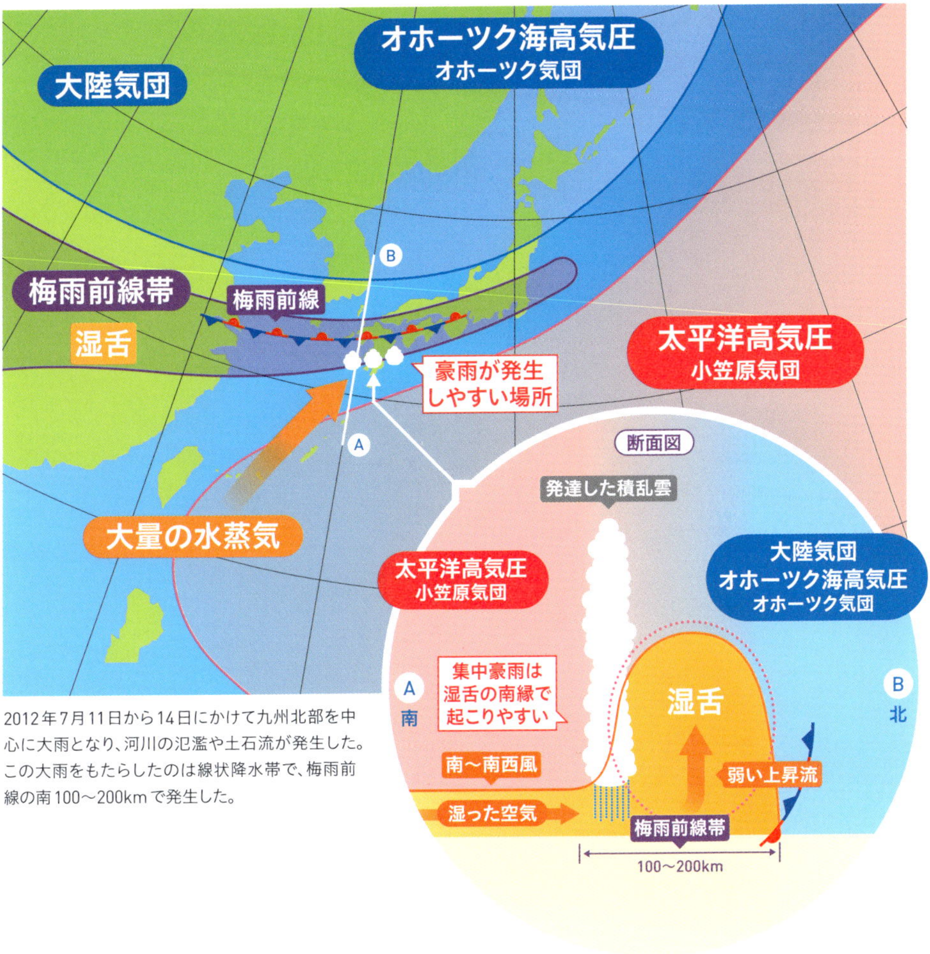

2012年7月11日から14日にかけて九州北部を中心に大雨となり、河川の氾濫や土石流が発生した。この大雨をもたらしたのは線状降水帯で、梅雨前線の南100～200kmで発生した。

込み、線状降水帯が発生、集中豪雨となった。

梅雨前線のはるか南で集中豪雨

梅雨前線のはるか南100～200kmで大雨が降ることが、過去の事例によく見られる。

梅雨前線は太平洋高気圧とオホーツク海高気圧（大陸気団も含む）との境にできる。この前線付近は梅雨前線帯で上昇気流が発生し、水蒸気を上空に運んで湿舌《しつぜつ》（高度3km付近の舌状に延びた湿潤な領域）が作られる。

南から大量に水蒸気が流れ込むと、湿舌域の上昇気流で積乱雲が発達しやすく、南縁で豪雨が発生しやすくなる。このため湿舌域の南縁である梅雨前線の南100～200kmで豪雨が発生するのである。また過去の研究から、大量の水蒸気が南西からの強い風に乗って流れ込むと、線状降水帯を発生させやすいことがわかっている。

長時間豪雨—❶

大雨による土砂災害・洪水

数日間の大雨が大規模な災害をもたらす

● 大雨と土中貯留水の流出

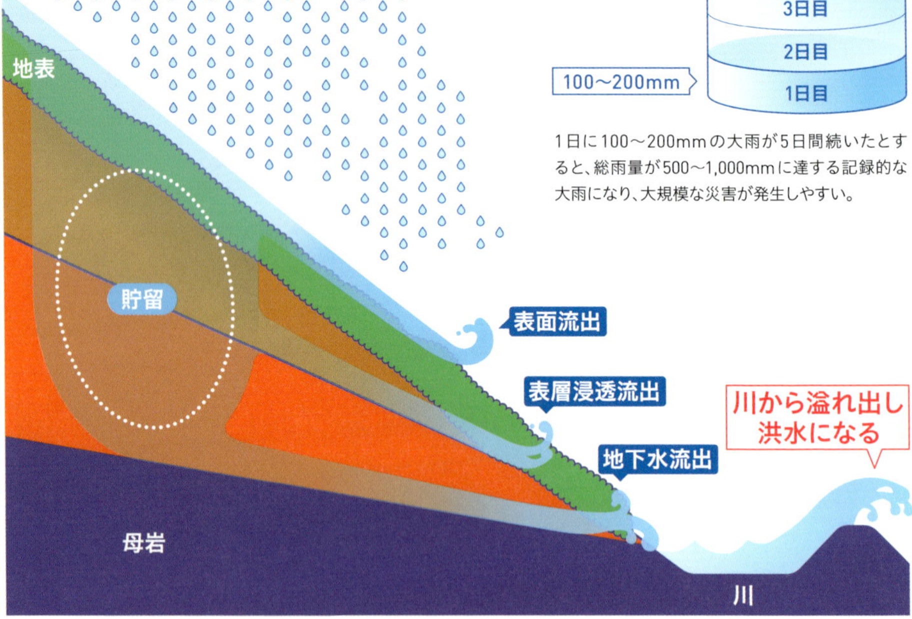

数日間大雨が続くと貯留水の量が莫大になり、大規模な土砂災害につながる。

● 数日間の大雨

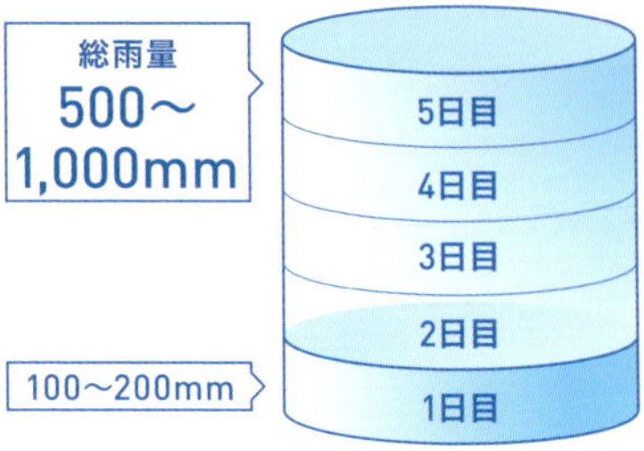

1日に100～200mmの大雨が5日間続いたとすると、総雨量が500～1,000mmに達する記録的な大雨になり、大規模な災害が発生しやすい。

数日間にわたる大雨

大雨による災害の目安は、1日の雨量が平年の年間降水量の約20分の1が注意報レベル、約10分の1が警報レベルと言われている。東京は年間降水量が約1,500mmで、警戒レベルは1日に150mmくらいと考えることができる。こうした100mmを超えるような雨が1回ではなく、数日間続くと記録的な大雨となる。1日に100～200mmの雨が5日間続いたとすると、500～1,000mmに達し、年間降水量の半分を超えるような記録的な大雨になるのである。

大雨と土砂災害・洪水

雨が降ると、水は表面を流れるものと土の中に貯留するものがある。貯留したものは時間をかけて地下水などから流出するが、数日間大雨が続くと土の中の貯留した水の量が

● 2000年東海豪雨の広域洪水

2000年9月11〜12日は、東海を中心に長時間の記録的な大雨となり、広範囲に浸水などの被害が発生した。2日間の雨量は名古屋市で566.5mmに達した。写真は名古屋市新川の決壊で住宅地に溢れ出す泥水。

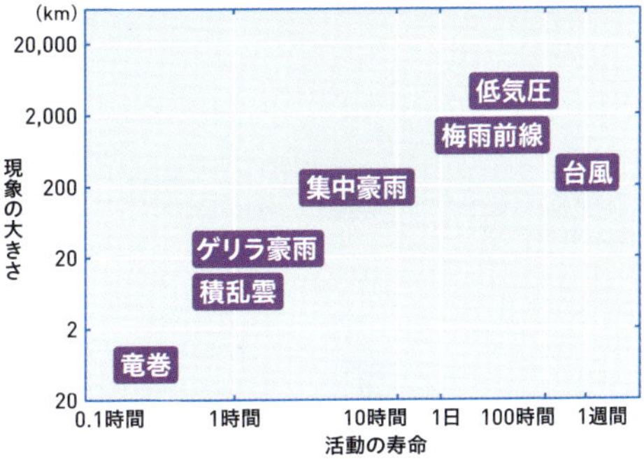

● 現象の大きさと寿命

気象は現象が大きくなるほど寿命が長くなる。竜巻は大きさが数十〜数百mで寿命は数分から十数分であるが、集中豪雨は大きさが100〜200kmくらいで、時間は数時間と長くなる。

莫大になり、大規模な土砂災害が起きやすくなる。また大雨が続けば、表面などから流れ出た大量の水が川に集まるため、川は洪水を起こしやすくなる。

現象の大きさと寿命

気象現象の大きさ(活動範囲)と寿命には比例する関係がある。現象が小さければ短い時間で終わり、現象が大きくなるとそれだけ時間が長くなる。積乱雲とゲリラ豪雨は、活動範囲は数km、時間は数十分〜1時間くらいである。一方、梅雨前線や低気圧、台風になると、大きさは数百〜2,000kmくらいになり、時間は数日程度となる。実際こうした現象は重なり合って起こる。例えば梅雨前線による大雨の場合だと、激しい雨を降らせるのはひとつひとつの積乱雲で、数時間の集中豪雨も起こっている場合が多い。

長時間豪雨―②

記録的大雨のパターン

前線の停滞、前線プラス台風、ゆっくり台風の3ケース

●①前線の停滞（新潟の記録的大雨）

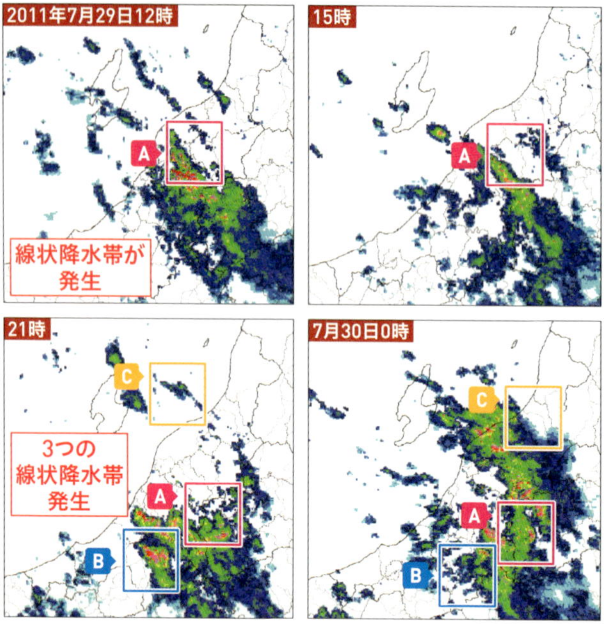

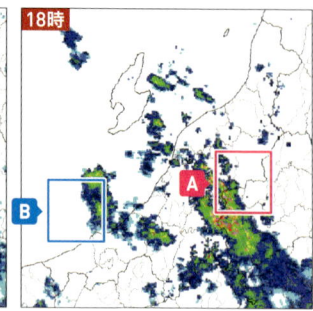

平成23年7月新潟・福島豪雨の時のレーダーエコー合成図。前線付近でA、B、Cなど複数の線状降水帯が狭い範囲で次々に発生したため、記録的な大雨になった。

2011年7月新潟・福島豪雨の際は、複数の線状降水帯で記録的大雨に見舞われた。

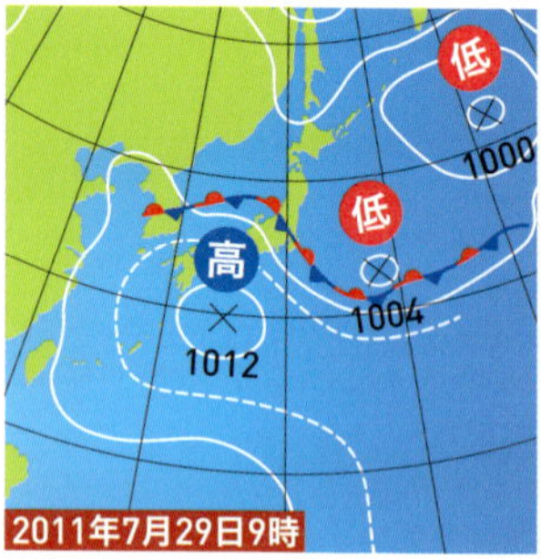

3つの大雨パターン

記録的大雨のパターンは、①前線停滞 ②前線プラス台風 ③ゆっくり台風である。前線や台風の動きが遅い時に発生しやすい。

前線の停滞

前線が停滞する場合は、長く雨が降り続くため大雨になりやすい。平成23年7月新潟・福島豪雨の際も前線が停滞し、さらに複数の線状降水帯が次々に発生したため、記録的な大雨となった。3日間の雨量が700mmに達した所があり、平年の1カ月間に降る量の2倍以上が3日間で降ったことになる。

前線プラス台風

梅雨や秋雨の時期は、初めに前線が停滞して大雨を降らせた後、さらに台風が近づき大雨になって記録的な大雨になることがある。

●②前線プラス台風

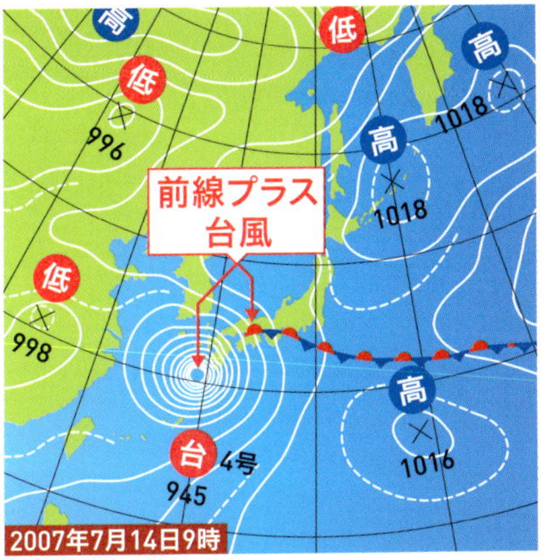

2007年7月14日9時

2007年7月初旬から梅雨前線が活発な状況で、14日には大隅半島に台風が上陸。

●2011年 紀伊半島大水害（ゆっくり台風）

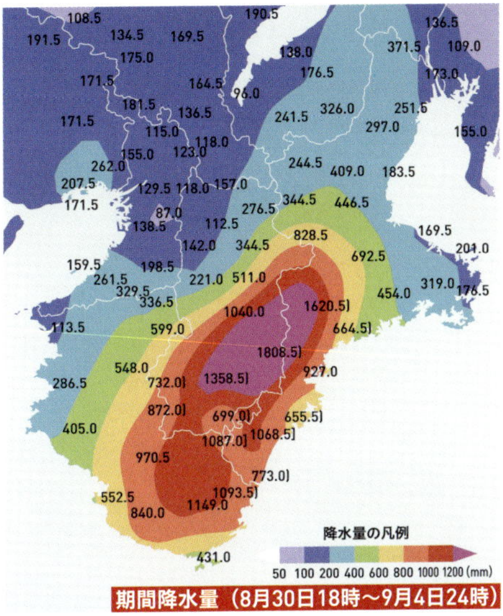

期間降水量（8月30日18時～9月4日24時）

●③ゆっくり台風

台風周辺は暖かく湿った空気が流れ込むため、台風が近づく前から雨が降り出し、さらに台風の動きが遅いと記録的な大雨となることがある。2011年紀伊半島大水害は、ゆっくり台風によってもたらされた。

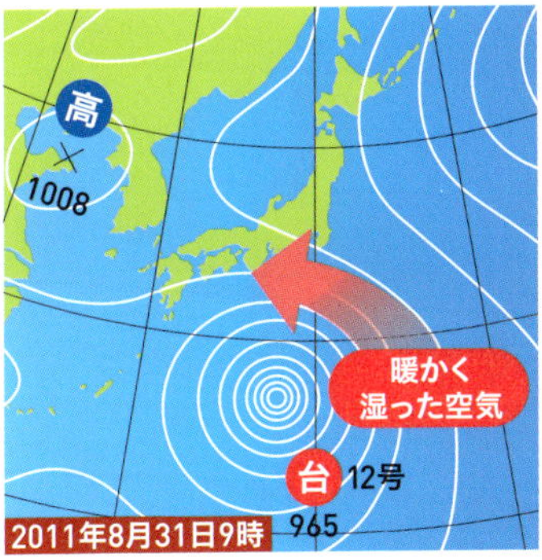

2011年8月31日9時

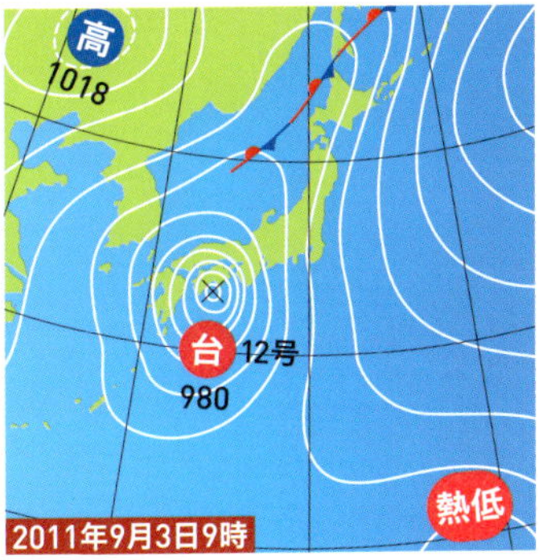

2011年9月3日9時

2007年7月は1日から梅雨前線の活動が九州付近で活発になり、14日は台風4号が鹿児島県大隅半島に上陸した。前線の影響で早くから雨量が多くなって台風の接近も重なり、1日から16日までの総雨量は宮崎県えびの市えびので1,107mmが観測された。

ゆっくり台風

台風が近づく前から雨が降り始めることがある。2011年8月31日は台風12号が南の海上にまだ遠く離れていたが、台風周辺の暖かく湿った空気が流れ込み、紀伊半島の山沿いでは上昇気流が起こって雨が降り始めた。台風の動きが遅く、台風が上陸したのはその3日後の9月3日10時前で、高知県東部に上陸した。上陸後も動きが遅く、さらに翌日まで雨が続いた。総雨量は紀伊半島の各地で1,000mmを超え、1,800mmを超えた所もあった。

深層崩壊

岩盤まで崩れ落ちる大規模な崩壊

● メカニズム

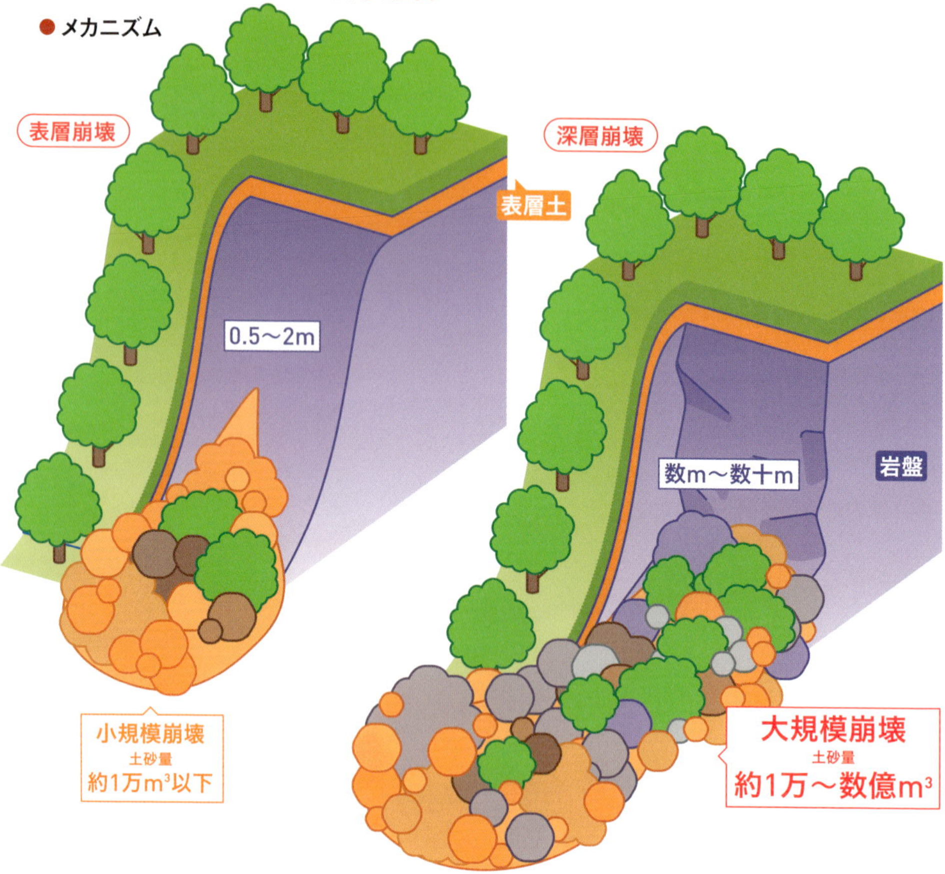

表層崩壊と深層崩壊

山崩れ・崖崩れなどの斜面崩壊のうち、山の表面を覆っている土壌・表層土だけが崩れ落ちるのが表層崩壊である。表層土の深さは0.5〜2mくらいで、崩壊する土砂量は約1万m^3以下と、比較的小さな規模の崩壊である。

一方、深層崩壊は土壌の下の岩盤までも同時に崩れ落ちる崩壊である。深さは数m〜数十mで、崩壊する土砂量は、約1万〜数億m^3にもなり、大規模な崩壊となる。

深層崩壊が起りやすい場所

明治期以降に発生した深層崩壊は、約200万年前から現在までの隆起量が大きい地域や、特定の地質の地域で多いことが分かっている。特定の地質とは、付加体（海洋プレートが沈み込む時に、その上の堆積物等が海溝付近

● **紀伊半島大水害**

2011年8～9月の紀伊半島の記録的な大雨によって、土砂災害、浸水、河川の氾濫などが起こり、和歌山県、奈良県、三重県などで死者・行方不明者が90名を超えた。この豪雨によって、数多くの深層崩壊が起こり、崩壊土砂量が約10万m^3以上の大規模崩壊が76カ所確認された。写真は奈良県十津川村栗平の深層崩壊でできた土砂ダム。

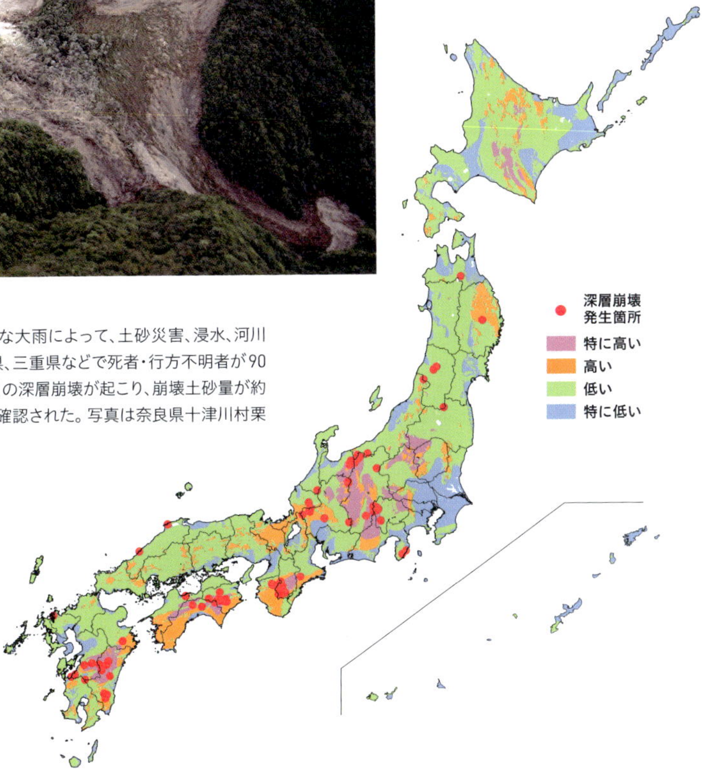

● **深層崩壊
推定頻度マップ**

「特に高い」エリアは、中央構造線沿いに多く、紀伊半島もそのエリアのひとつである。

で大陸の縁に付加してできた複雑な地層)または約200万年以前に形成された地層や岩石のことである。

これらの結果から、日本全国の深層崩壊の発生頻度を推定した深層崩壊推定頻度マップが上図である。

「特に高い」エリアは、中央構造線(西南日本を日本海側と太平洋側に分ける大断層)沿いに多く、紀伊半島もそのエリアのひとつである。

深層崩壊の発生

深層崩壊は豪雨に誘発されて発生することが多く、総雨量が400mmを超えると発生しやすいと言われている。紀伊半島大水害時に奈良県で発生した深層崩壊は、総雨量が600mm以上で発生していることがわかった。またこうした土砂災害は雨がピークを越えてやんでからも起こることがあるので、雨後の注意も必要である。

豪雪—❶

偏西風の蛇行が豪雪を生む

2005〜2006年の記録的な大雪

● 2005年12月の大気の流れ

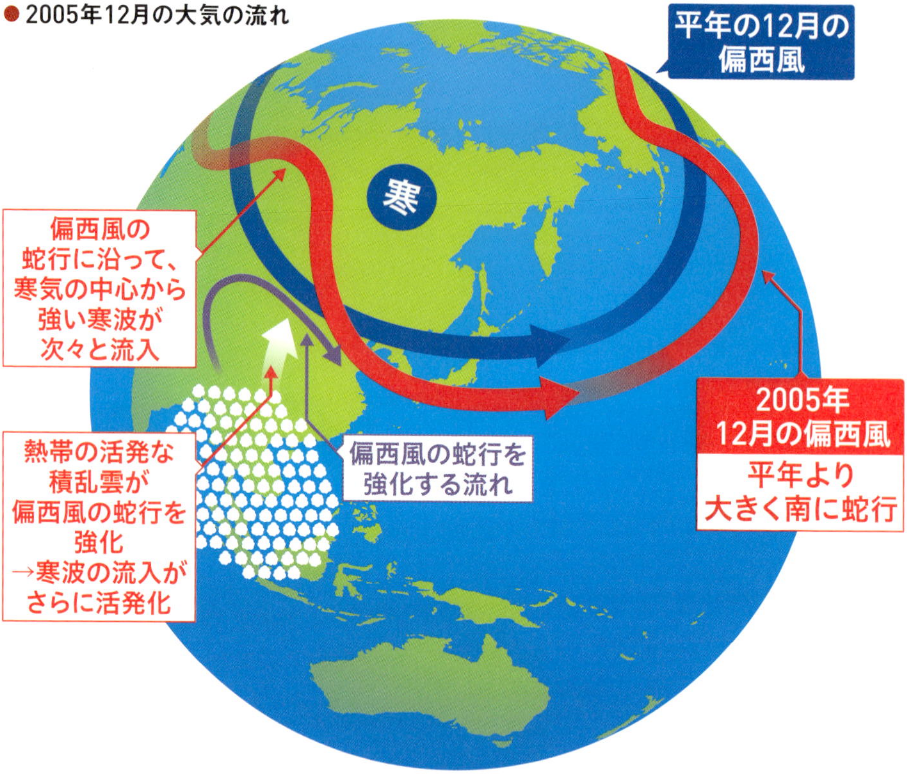

熱帯の活発な積乱雲などの影響で偏西風が大蛇行し、この影響で次々に北から強い寒気が流れ込んだため、日本では記録的な大雪となった。

偏西風大蛇行による豪雪

2005〜2006年の冬は12〜1月上旬を中心に記録的な大雪となった。積雪は新潟県津南町で416cmと観測史上1位の記録となり、積雪観測の339地点のうち23地点で記録を更新した。

屋根の雪下ろしの事故などにより、死者が152名と甚大な被害が出た。

気象庁はこの豪雪を「平成18年豪雪」と命名したが、過去豪雪で命名されたのは、この他には「昭和38年1月豪雪」のみである。

この豪雪を引き起こした原因は、偏西風の大蛇行である。偏西風が日本付近で南に大蛇行を起こすと、強い寒気が次々に流れ込むようになるため、記録的な大雪となるのである。

季節風で山雪型の大雪に

日本海には暖流が流れている。北西の季

● 山雪型

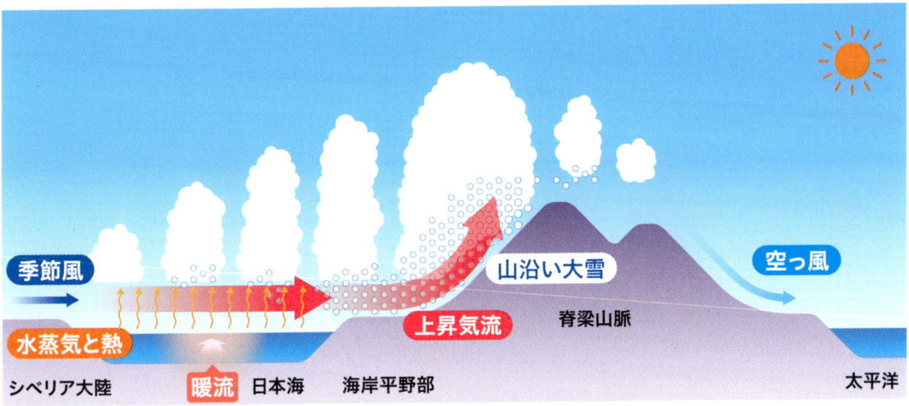

日本海で発生した雪雲は、山沿いでは上昇気流によってさらに発達するため、大雪になりやすい。

● 里雪型

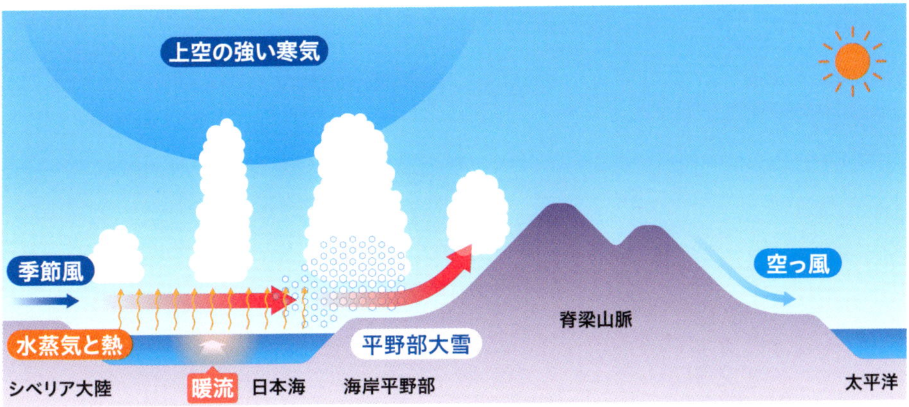

日本海上空に強い寒気が流れ込むと、日本海で雪雲が発達し、その雪雲が季節風に流されて平野部に大雪を降らせる。

節風により大陸から寒気が流れ込んでくると、海水温の方が高いために、お風呂と同じように水蒸気がたくさん湧き上がる。大量の水蒸気により雲が発達し、季節風に流されて日本海側の地方に雪を降らせる。

季節風は山沿いで上昇気流を発生するため、山沿いではより雲が発達しやすくなり、大雪になりやすい。これを山雪型と呼ぶことがある。

上空5,000mの寒気で里雪に

一方、平野部を中心に大雪となるのは里雪型と呼ばれるが、山雪型と大きく違うのは上空の寒気。日本海上空に強い寒気が流れ込むと、大気の状態が非常に不安定になる。日本海で積乱雲が発達しやすくなり、季節風に流されて、平野部で大雪となる。この寒気の目安は、上空5,000m付近で−35℃以下が大雪、さらに−40°C以下では豪雪になりやすい。

豪雪―②

天気図で読み解く豪雪

豪雪を引き起こすさまざまな要因

●山沿いで大雪のタイプ

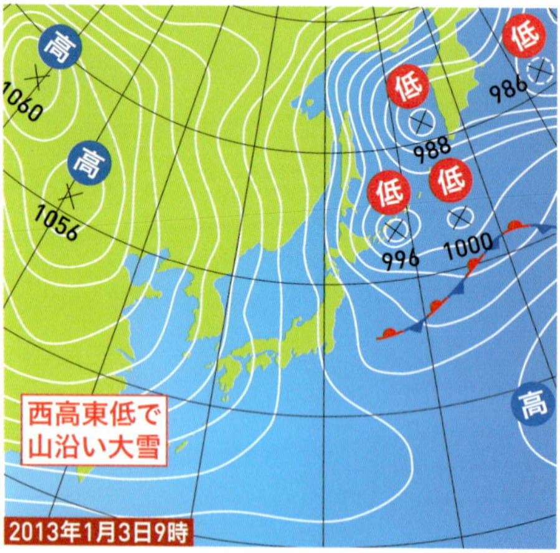

●平地で大雪のタイプ

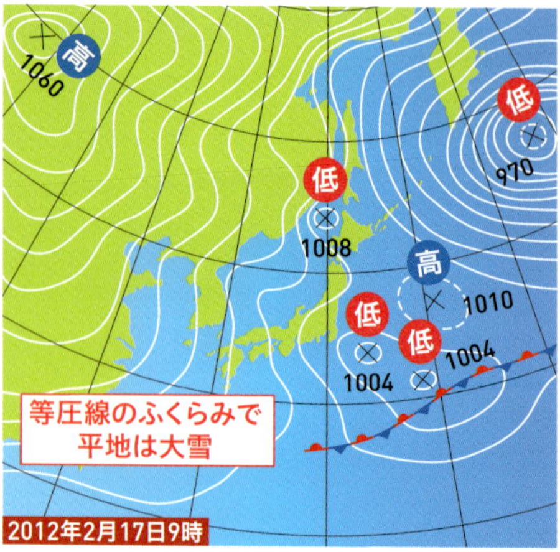

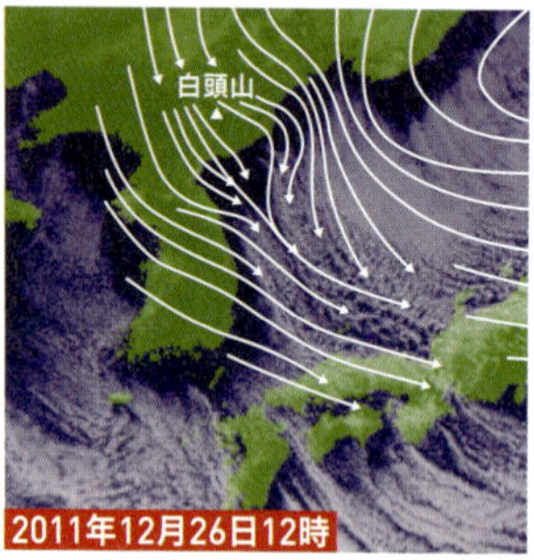

●朝鮮半島が繰り出す大雪

朝鮮半島北部の標高2,700mを超える白頭山などの山々を迂回した風がちょうど日本海でぶつかり合い、この収束した地域を日本海寒帯気団収束帯（JPCZ）と呼ぶ。JPCZでは活発な雪雲が発生し、こうした雪雲がかかる地域では大雪になることがある

西高東低は山沿いで大雪

左上の天気図は、等圧線が縦縞模様で西に高気圧、東に低気圧の典型的な西高東低の冬型の気圧配置である。

このような時は日本海側の広い範囲で雪が降りやすく、特に山沿いで大雪になりやすい。2013年1月3日に、新潟県津南町では1日に91cmの雪が降り、観測史上1位の記録になった。

等圧線のふくらみで平地の大雪

2012年2月17日は1日で富山市は54cm、新潟市では48cmの雪が降った。この日の上空5,000m付近の気温は輪島で−39°Cまで下がった。西高東低の冬型の気圧配置であるが、右上図のように、日本海の等圧線は北西方向にふくらんでいる。こういう所には小さな低気圧が隠れていて、その低気圧が通過する時に雪が強まった。こうした等圧線のふく

● 南岸低気圧で太平洋側大雪

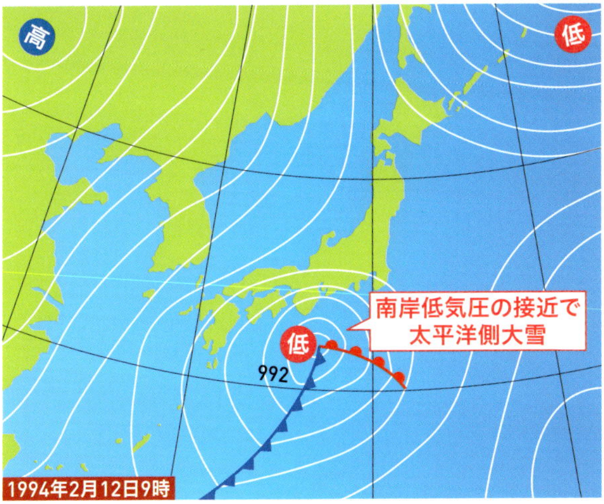

南岸低気圧は気象予報士泣かせである。関東の大雪は、雨になるか雪になるかのギリギリの所（気温が1°C違うだけで雪と雨に分かれるほど）で発生することが多いので、予報は難しい。

● 南岸低気圧

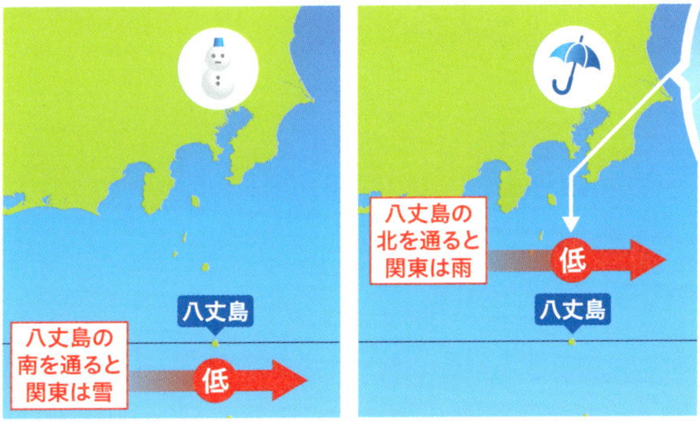

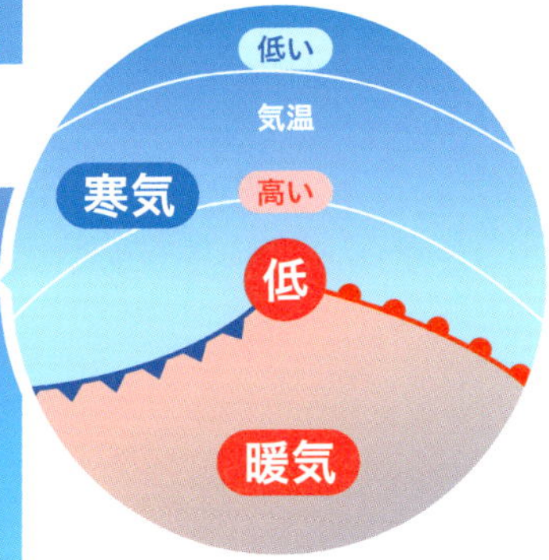

低気圧の通るコースによって関東で雪か雨かの目安があるが、実際はこの通りにいかないこともあり、気温や風の状況を詳しく見ておく必要がある。

らみと、上空の寒気が平野部に大雪をもたらすのである。

南岸低気圧で太平洋側は大雪に

本州の南岸沿いを東へ進む低気圧のことを南岸低気圧と呼ぶ。太平洋側で大雪を降らせるのが、この南岸低気圧である。1994年2月12日は、発達中の南岸低気圧により東京の積雪は23cmに達し、記録的な大雪になった。その他、横浜で22cm、名古屋で12cmを観測した。

八丈島が雨と雪の境目

低気圧が八丈島の南を通ると雪に、北を通ると雨になりやすい。低気圧の温度分布に理由があり、低気圧の北側は、低気圧から離れるほど気温が低くなるが、ボーダーラインがちょうど八丈島になる。

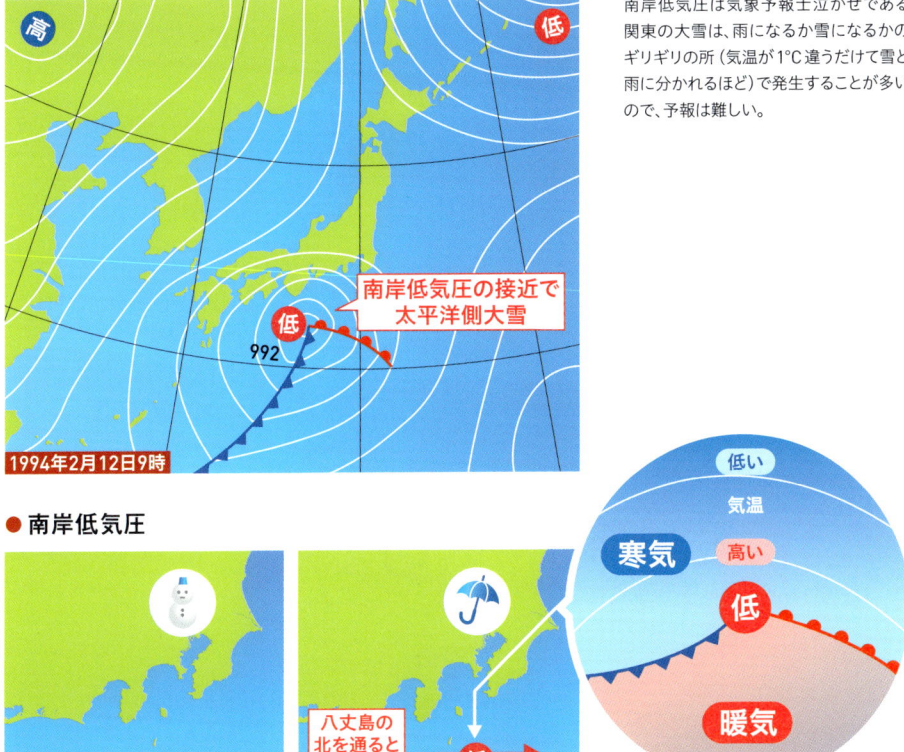

竜巻―❶

驚威の破壊力

積乱雲と空気の回転で生まれる

● 竜巻発生のしくみ

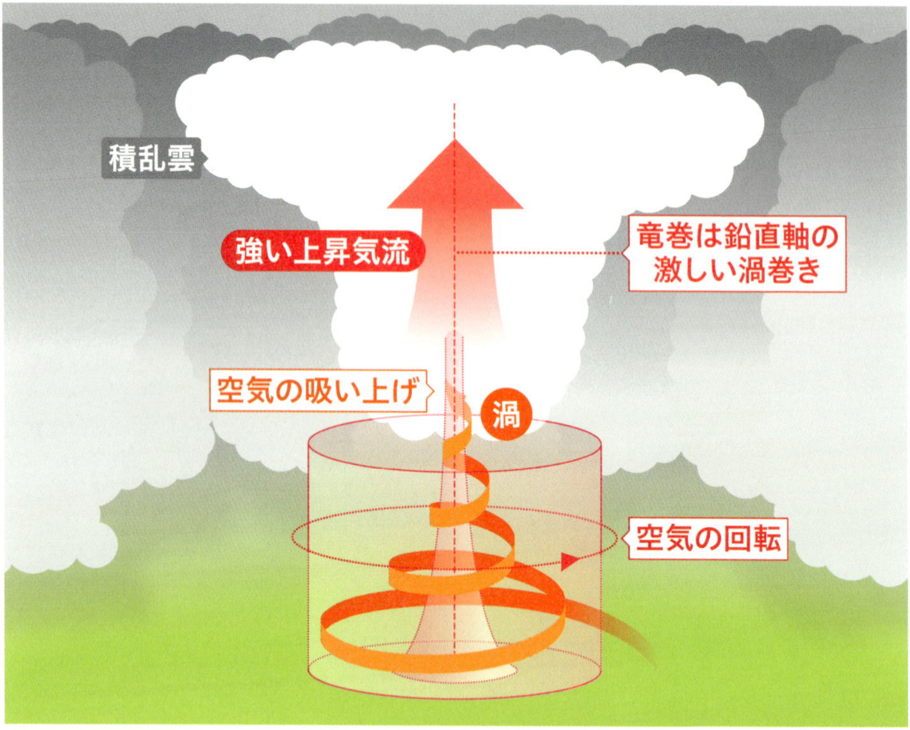

竜巻は、空気の回転と積乱雲によって発生する。積乱雲の強い上昇気流によって、空気の回転速度が速くなり竜巻が発生する。

竜巻発生のメカニズム

竜巻とは、鉛直軸《えんちょくじく》を伴う激しい渦巻きで、漏斗《ろうと》状または柱状の雲と同時に現れることがある。

竜巻が発生するためには、積乱雲と空気の回転が伴うことが条件となる。

発達した積乱雲の下では強い上昇気流があって、空気が吸い上げられる。また積乱雲の周辺に空気の回転があると、周りの空気はだんだんと回転半径が短くなって回転速度が速くなり、竜巻が発生する。ちょうど、スケートのスピンで伸ばしていた手と足を体に密着させると速くなるのと同じ原理である。

竜巻は大きく分けると、スーパーセルと呼ばれる巨大積乱雲で発生するものと、局地前線によってできるものとの2つに分けられる。スーパーセルはメソサイクロン（⇒P088）と呼ばれる空気の回転があるために、竜巻が発生

●海上の竜巻

海上の竜巻は局地前線のタイプが多く、竜巻が複数同時に発生することもある。

●局地前線の竜巻

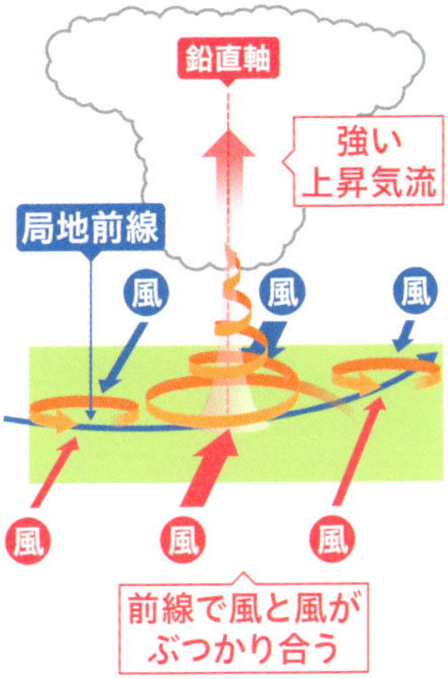

局地前線では、風と風がぶつかり渦が発生しやすい。この渦の上に積乱雲が移動してくると、強い上昇気流によって空気の回転が速まり、竜巻が発生する。

しやすく、強い竜巻はこのタイプに多い。

2012年5月6日茨城県つくば市で発生した国内最大級の竜巻も、スーパーセルの下で発生した。

局地前線の竜巻

竜巻発生で、スーパーセルでないものは局地前線のタイプが多い。

局地前線とは天気図に現れないような小さな前線で、風と風がぶつかり合っているので、渦（空気の回転）が発生することがある。この渦の上に積乱雲が移動してくると、強い上昇気流によって空気の回転が速まり、竜巻が発生するのである。空気の摩擦の小さい海上では、このタイプの竜巻が多い。

局地前線上では複数の渦が発生することがあるため、竜巻が複数同時に発生することもある。

竜巻—②

数年に一度は大きな被害

過去の主な竜巻被害

● **主な竜巻被害**（死者1名以上または藤田スケールF3 1981～2012年）

発生日時	発生場所	藤田スケール	死者	負傷者	住家全壊	住家半壊
2012年 5月 6日	茨城県 常総市	F3	1	37	76	158
2011年 11月18日	鹿児島県 徳之島町	F2	3	0	1	0
2006年 11月 7日	北海道 佐呂間町	F3	9	31	7	7
2006年 9月17日	宮崎県 延岡市	F2	3	143	*79	*348
1999年 9月24日	愛知県 豊橋市	F3	0	415	40	309
1997年 10月14日	長崎県 郷ノ浦町	F1～F2	1	0	0	0
1991年 2月15日	福井県（湖上）	F1	1	5	1	0
1990年 12月11日	千葉県 茂原市	F3	1	73	82	161
1990年 2月19日	鹿児島県 枕崎市	F2～F3	1	18	29	88

*は他の気象現象による被害も含む

● **藤田スケール**

F0 17～32m/s 約15秒間の平均	テレビのアンテナなどの 弱い構造物が倒れる。	F3 70～92m/s 約5秒間の平均	壁が押し倒され住家が 倒壊する。自動車は 持ち上げられて飛ばされる。
F1 33～49m/s 約10秒間の平均	屋根瓦が飛び、 ガラス窓が割れる。	F4 93～116m/s 約4秒間の平均	住家がバラバラになって辺りに 飛散。列車が吹き飛ばされ、 自動車は何十mも空中飛行する。
F2 50～69m/s 約7秒間の平均	住家の屋根がはぎとられ、 弱い非住家は倒壊する。 大木が倒れたり、ねじ切られる。	F5 117～142m/s 約3秒間の平均	住家は跡形もなく吹き飛ばされる。 数tもある物体が どこからともなく降ってくる。

近年の竜巻被害

1981年以降の記録を見ると、死者1名以上または藤田スケールF3の竜巻は9個あり、3年から4年に1個発生する計算になる。竜巻が数年に一度大きな被害をもたらすといえる。

藤田スケール

藤田スケールとは竜巻やダウンバーストなどの風速を、構造物などの被害調査から簡便に推定するために、シカゴ大学の藤田哲也により1971年に考案された風速のスケール。日本での史上最強はF3である。

1年で約23個発生

竜巻の年別確認数は、ここ数年多くなっているように見えるが、1990年以前と1991年以降、さらに2006年以前と2007年以降で

竜巻の年別発生数

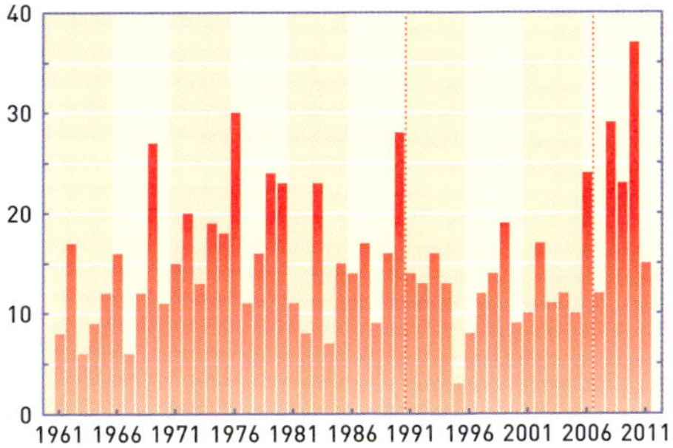

竜巻の発生確認数で、水上で発生しその後上陸しなかったものは除いている。2007年から突風の調査を強化したため、見かけ上増えている可能性がある。

竜巻発生分布図（全国：1961～2011年）

竜巻発生時の緯度経度が把握できているものの分布図で、水上で発生しその後上陸しなかったものも含んでいる。北海道から沖縄まで全国で発生していることが分かる。

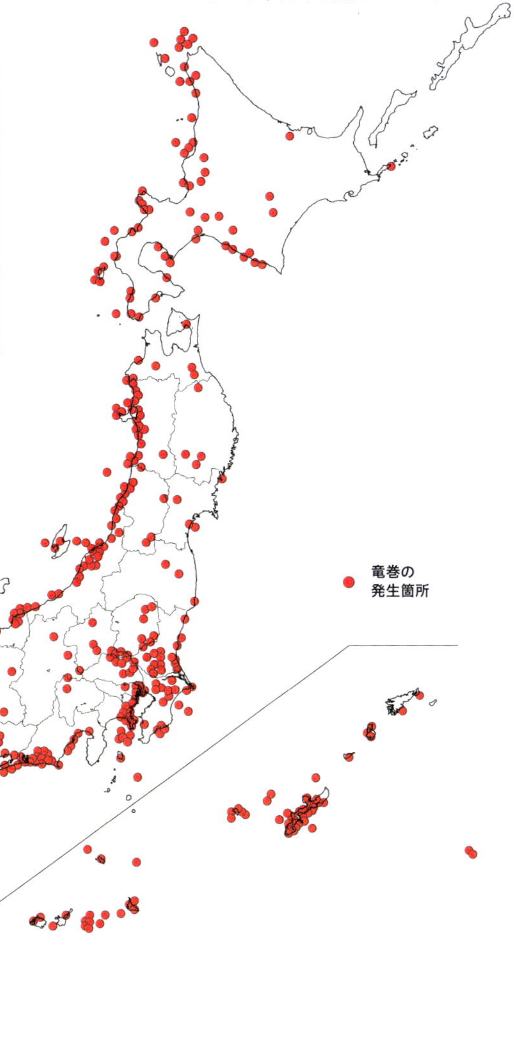
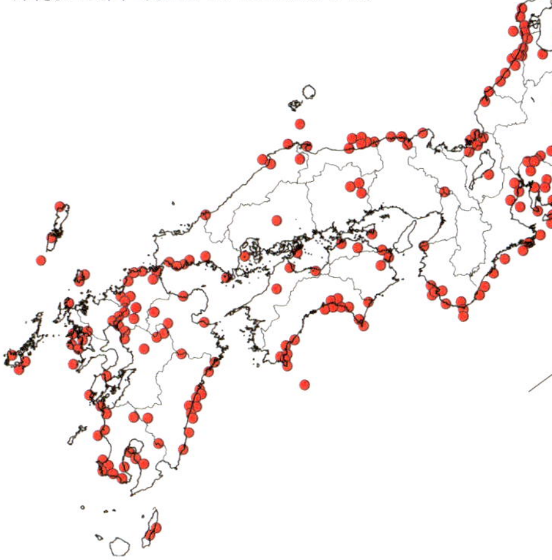

確認・調査方法を変更しているため単純に比較できない。確認・調査方法が同じ2007～2011年では、1年間に平均23個発生している。

月別の発生数（1991～2010年）では、最も多いのが9月で、2番目が10月になる。

最も少ないのは3月だが、発生しない月はなく、日本でも竜巻は一年を通して発生する恐れがある。

竜巻は全国で発生

竜巻発生地点を上図で見ると、北海道から九州まで全国で発生していることが分かる。沿岸部で多い傾向があるが、関東などでは内陸部でも多く発生していることが分かる。

北海道東部は数少ないが、2006年11月7日北海道佐呂間町で藤田スケールF3、国内最大級の竜巻が発生した。気象条件がそろえば全国どこでも発生することが考えられる。

竜巻の猛威

2012年5月、国内最大級の竜巻発生

● 国内最大規模（藤田スケールF3）の竜巻

国内最大級F3の竜巻が発生し、茨城県常総市からつくば市にかけて被害があった。住家の全壊による1名の死者や37名の負傷者が出た。住家被害の全・半壊も300棟近くに達し、被害分布の長さは17kmにも及んだ。

国内最大級F3竜巻発生

2012年5月6日、気象庁は、茨城県・栃木県・福島県で4つの竜巻を確認した。最も強い竜巻は12時35分頃に発生した茨城県つくば市・常総市の竜巻。被害分布は長さ約17km、幅約500mで、住家の損壊が多く、基礎ごと転倒した住家もあり、竜巻の強さは国内最大級のF3と推定された。F3の竜巻は2006年11月の北海道佐呂間町以来である。

巨大積乱雲が強い竜巻を生む

2012年5月6日、茨城県つくば市の竜巻は、スーパーセルと言われる巨大積乱雲で発生した。スーパーセルは通常の積乱雲より大きく寿命の長い発達した積乱雲で、強い竜巻はスーパーセルによって発生することが多い。

竜巻が起こった時のレーダー図を見てみると、1時間に80mm以上の猛烈な雨を降らせるような赤色のエリアがあり、スーパーセル

茨城県つくば市北条地区周辺の主な被害状況

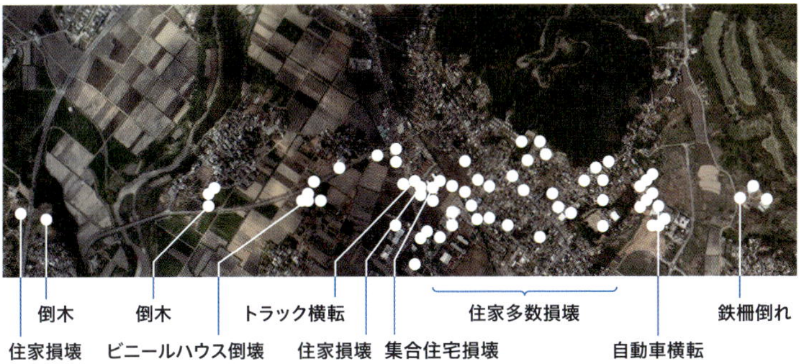

この竜巻で特に甚大な被害が出たのが北条地区で、住家損壊、トラック横転など被害が帯状に延びていることが分かる。(写真・図提供/国土地理院、気象庁)

レーダー図で見るスーパーセル

(茨城県つくば市)

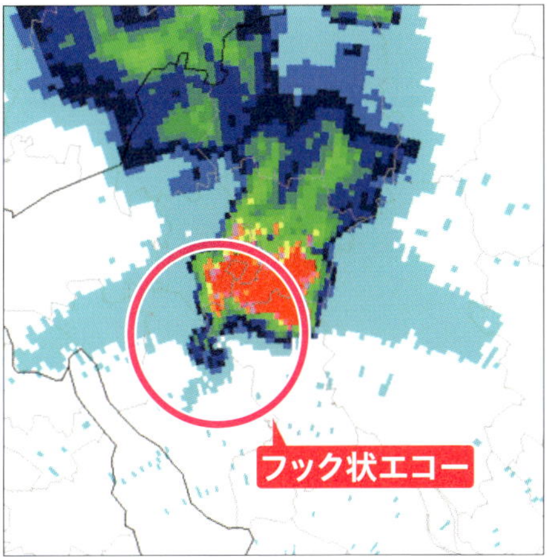

赤丸の所がフック状エコーである。フック状エコーによって、メソサイクロンがありスーパーセルであることがわかる。

竜巻天気図

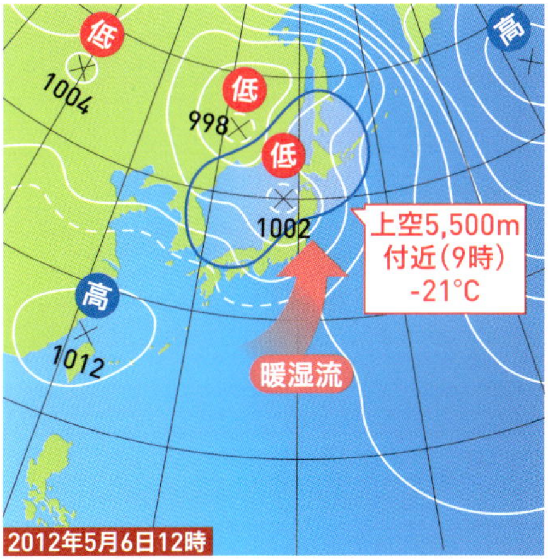

低気圧に向かって南から湿った暖気が流れ込み、上空には−21°C以下の寒気があり、大気が非常に不安定になった。

の特徴であるフック状の形が見られた。

このフック状のエコーは、スーパーセル内のメソサイクロン(⇒P088)と呼ばれる空気の回転によって雨粒が流されて形作られる。強い竜巻はこの先端付近で発生しやすい。

湿った空気と上空の強い寒気

この日、日本海には低気圧があり、低気圧に向かって南から暖かく湿った空気が流れ込んだ。さらに上空にはこの時期としては強い寒気があり、9時の上空5,500m付近では、−21°C以下の寒気が北日本から西日本の日本海側に流れ込んでいる。

地上の気温は関東各地で25°Cを超えたため、上空との気温差が40°C以上と、大気の状態が非常に不安定になった。湿った暖気の上空に強い寒気が流れ込む時は注意が必要である。

エネルギーの源は暖かな海水

海水温26°C以上で台風発生

● 台風は巨大な雲の渦

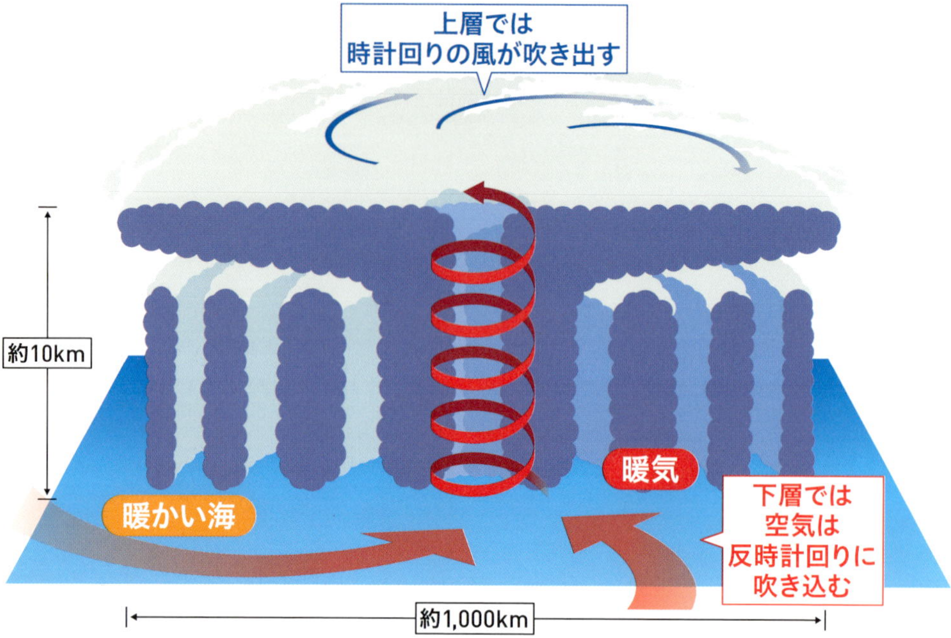

台風は巨大な雲の渦で、膨大なエネルギーを持つ。エネルギーの源は暖かい海からの水蒸気である。雲の大きさは水平方向が約1000km、上空が10km以上である。空気は下層では反時計回りに吹き込むが、上層では逆に時計回りに吹き出す。

台風の発生

台風は、熱帯低気圧の中で北西太平洋（赤道より北、東経180°より西）、または南シナ海にあり、中心付近の最大風速が17.2m/s以上のものを言う。

暖かな海の大気にはたくさんの水蒸気が含まれ、雲が発生しやすい。雲ができる時には凝結熱《ぎょうけつねつ》が放出され、その熱により上昇気流が強まり、雲がさらに発達する。雲は次第に集まり、回転を始めて台風が発生する。台風は巨大な雲の渦で、上空は10km以上、東西は約1,000kmもある。空気は下層では反時計回りに吹き込み、上層では時計回りに吹き出している。

台風の発生分布

1971年から2000年までの30年間の台風の発生を見ると、フィリピンの東の海上と南

● 台風発生時の海水温 8月の平年値

海水温は南に行くほど高くなる。台風の発生が多いフィリピン付近は29°C以上と高いことがわかる。台風は海水温が26°C以上で発生し、28°C以上で発達することが多い。

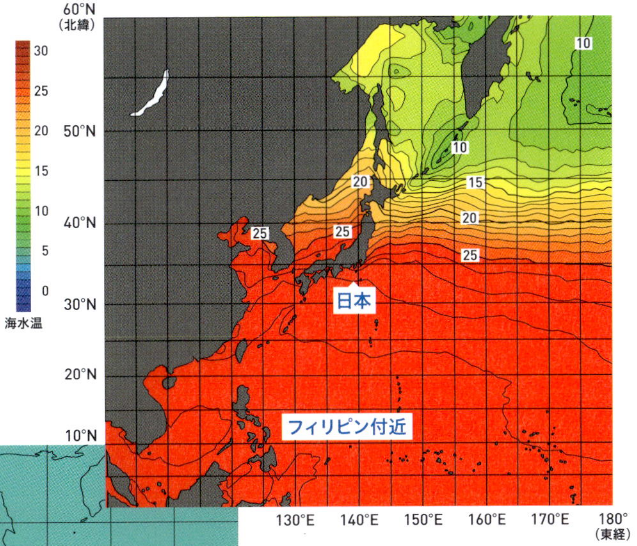

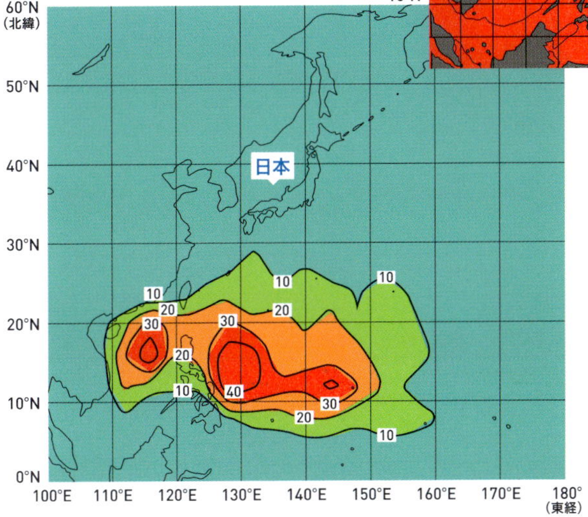

● 台風発生箇所の頻度分布

数字は個数。
統計期間は1971年～2000年

台風が発生するには、暖かな海と空気の回転が必要である。赤道付近は海水温が高いが、空気の回転運動が起こりにくく、台風は発生しない。台風が多く発生する場所は、図のようにフィリピンの東海上と南シナ海である。

シナ海で多く発生していることがわかる。台風は海水温が26°C以上で発生し、28°C以上で発達しやすい。平年の8月の海水温は、フィリピン付近は29°C以上と高温であるため、発生しやすいことがわかる。しかし海水温が高くても、赤道付近（北緯約5°から南緯約5°）はコリオリの力（⇒P096）が弱く回転運動が起こりにくいために、台風は発生しない。

台風の平年数（1981～2010年の30年平均）は、1年間に発生25.6個、接近11.4個、上陸2.7個である。（接近は台風の中心が国内のいずれかの気象官署から300km以内に入った場合、上陸は台風の中心が北海道～九州の海岸線に達した場合）

台風は膨大なエネルギーをもつため、台風が接近、上陸すると、いくつもの災害が同時に発生することがある。災害の内容は、暴風、大雨、洪水、土砂災害、高波、高潮など多岐にわたる。

台風―②

最強クラスの伊勢湾台風

明治以降、最大の風水害犠牲者

● **伊勢湾台風の爪跡**

1959年9月28日、揖斐・木曾・長良3河川に挟まれた三重県長島町。堤防決壊で泥海に沈む。

● **伊勢湾台風とその進路**

伊勢湾台風は9月26日18時頃和歌山県潮岬の西に上陸した。大型で非常に強く、伊良湖（愛知県渥美町）で最大風速45.4m/s（最大瞬間風速55.3m/s）、名古屋で37.0m/s（同45.7m/s）を観測するなど、全国的に20m/sを超える最大風速と30m/sを超える最大瞬間風速を観測した。

歴史に残る伊勢湾台風

伊勢湾台風は1959年9月21日にマリアナ諸島の東海上で発生した台風15号で、9月26日18時頃、和歌山県潮岬の西に上陸した。上陸時の中心気圧は929.2hPa《ヘクトパスカル》、大型で非常に強く、暴風域は300km以上と広かった。

上陸後、時速65kmの速い速度で北上し、伊勢湾に観測史上1位の389cm（名古屋港）の高潮をもたらした。高潮の被害が顕著で、愛知県、三重県を中心に明治以降、風水害では最大の犠牲者5,098名という甚大な災害をもたらした。この災害を契機に災害対策基本法が制定されるなど、伊勢湾台風は現在の災害対策の原点となっている。

伊勢湾並みは50年以上上陸なし

伊勢湾台風後も勢力の強い台風は数多く上陸しているが、伊勢湾台風と同じような上

● 高潮のしくみ

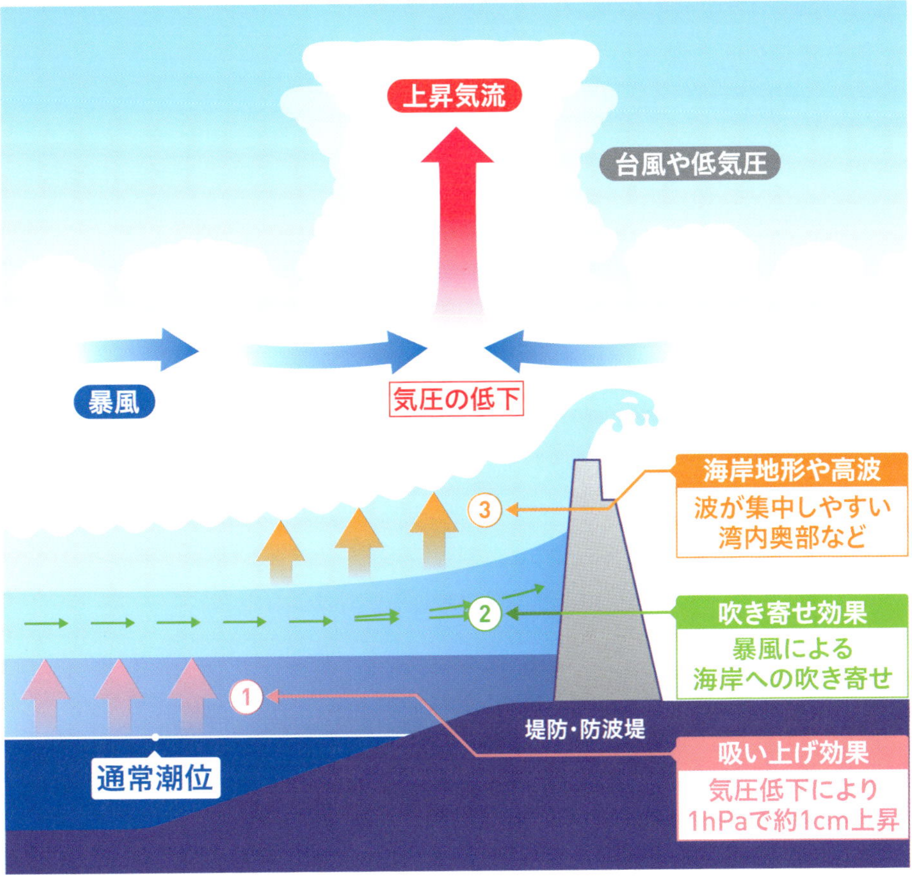

高潮は図のように3つの条件が重なって大きな被害をもたらす。

陸時930hPa以下で暴風域300km以上の勢力をもつ台風は、1961年の第二室戸台風以来、上陸していない。50年以上伊勢湾台風並みの台風は上陸していないのである。堤防などのインフラが整備されてきているが、整備されてから長い年月を経たものもある。今後、伊勢湾台風並みの台風が上陸する場合には、過去50年で最悪の台風災害になる恐れがある。

高潮とは

高潮とは3つの理由で海面が異常に上昇する現象である。①気圧低下により1hPaで約1cm海面が上昇する。②暴風が吹いてくる方向に湾が開けていると、海水が吹き寄せられて海面が上昇する。吸い上げより吹き寄せ効果の方がより海面を上昇させることが多い。③波が集中しやすい湾内奥部や高波によってさらに海面が上昇する。

台風—③

台風情報の見方

台風予報円に入る確率は70%

● 台風情報予報円

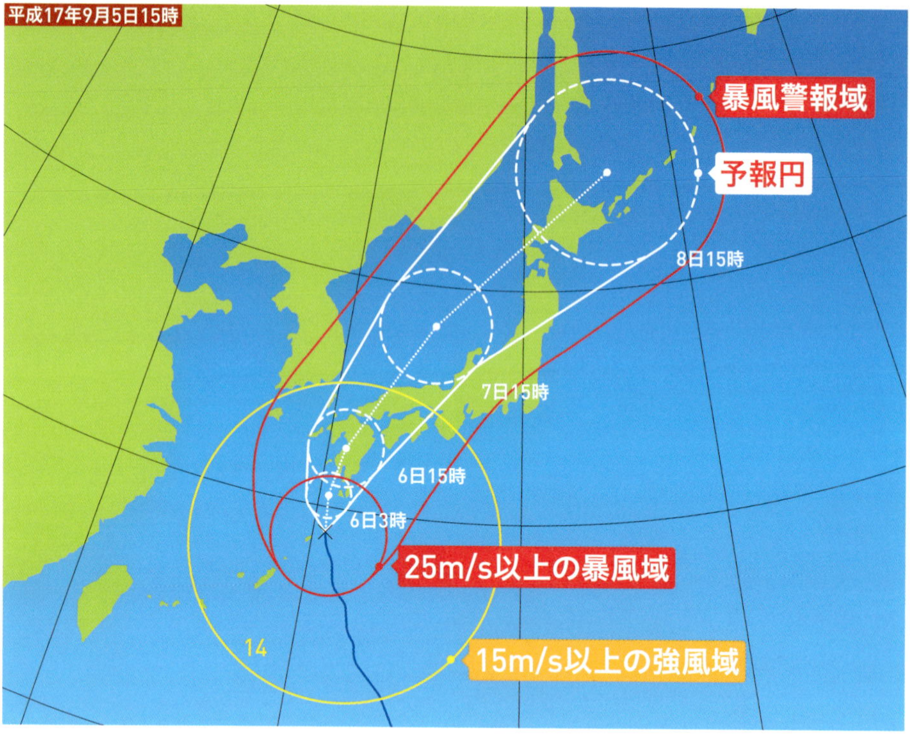

今後台風の勢力がどうなるのかを簡単に見る際は、暴風警戒域と予報円の差を見るとよい。この差はその時間の暴風域を表しているため、差がだんだん広がっている時は、暴風域が広がる、すなわち勢力が強まるということがわかる。

台風情報

台風情報は実況と予報からなる。実況の内容は、台風の中心位置、進行方向と速度、中心気圧、最大風速（10分間平均）、最大瞬間風速、暴風域、強風域である。暴風域は風速25m/s以上、強風域は風速15m/sの範囲である。上図の破線の円が予報円で、台風の中心が到達すると予想される範囲である。予報円の外側を囲む赤色の実線は暴風警戒域で、台風の中心が予報円内に進んだ場合に、72時間先までに暴風域に入る恐れのある範囲である。

予報円に入らない確率 30%

予報円に入る確率が70%ということは、入らない確率が30%あるということである。

予報円はある程度の広がりを考え、暴風警戒域に入らないから大丈夫と安心するので

● 台風情報の内容

	3日先までの台風予報	4日および5日先の進路予報
対象時刻	・72時間後まで	・96時間後、120時間後
予報内容	・予報円の中心と半径 ・移動方向と速さ ・中心気圧 ・最大風速 ・最大瞬間風速 ・暴風警戒域	・予報円の中心と半径 ・移動方向と速さ
頻度	・1日4回 （日本時間の03,09,15,21時の観測に基づく） ・ただし、24時間後までの予報は1日8回	・1日4回 （日本時間の03,09,15,21時の観測に基づく）
発表のタイミング	・観測時刻後50分以内 ・2個目以降は観測時刻後70分以内	・観測時刻後90分以内 ・2個目以降は観測時刻後110分以内

● 台風の強さ

台風の強さ	中心付近の最大風速	風速と被害
猛烈な	54m/s以上	60m/s 鉄塔の曲がるものが出る。
非常に強い	44m/s以上 54m/s未満	50m/s 倒れる木造家屋が多くなる。
強い	33m/s以上 44m/s未満	40m/s 屋根が飛ぶ。小石が飛び散る。

● 台風の大きさ

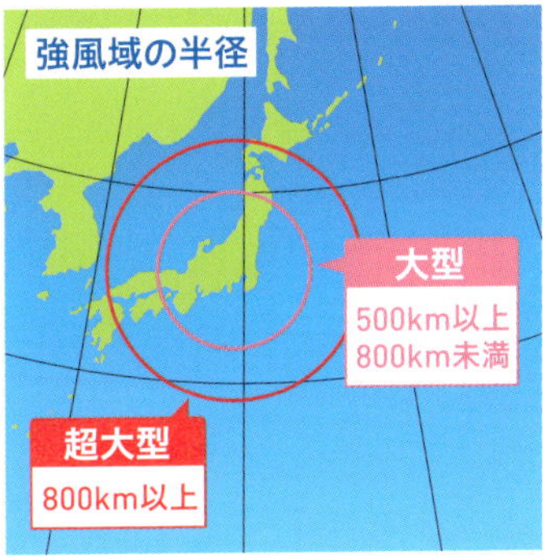

はなく、暴風警戒域の外側であっても、進路によっては暴風が吹く恐れがあると考えておいた方がよい。

台風情報の頻度

台風情報は、通常1日8回、3時間ごとに出される。しかし、日本列島に大きな影響を及ぼす台風が接近しているような場合には、1日24回、1時間ごとに最新情報が出される。

台風の強さと大きさ

強さは台風の中心付近の最大風速で分けられ、最大風速が33m/s未満の場合は強さを表現しない。大きさは風速15m/s以上の強風域の半径で分けられ、半径が500km未満の場合大きさを表現しない。

台風の大型はちょうど本州が入るほど、超大型は北海道から九州までが入るくらいである。

猛暑—❶

複数の要因が重なり猛暑に

2010年猛暑の3つの原因

●2010年夏、日本に猛暑をもたらした3要因

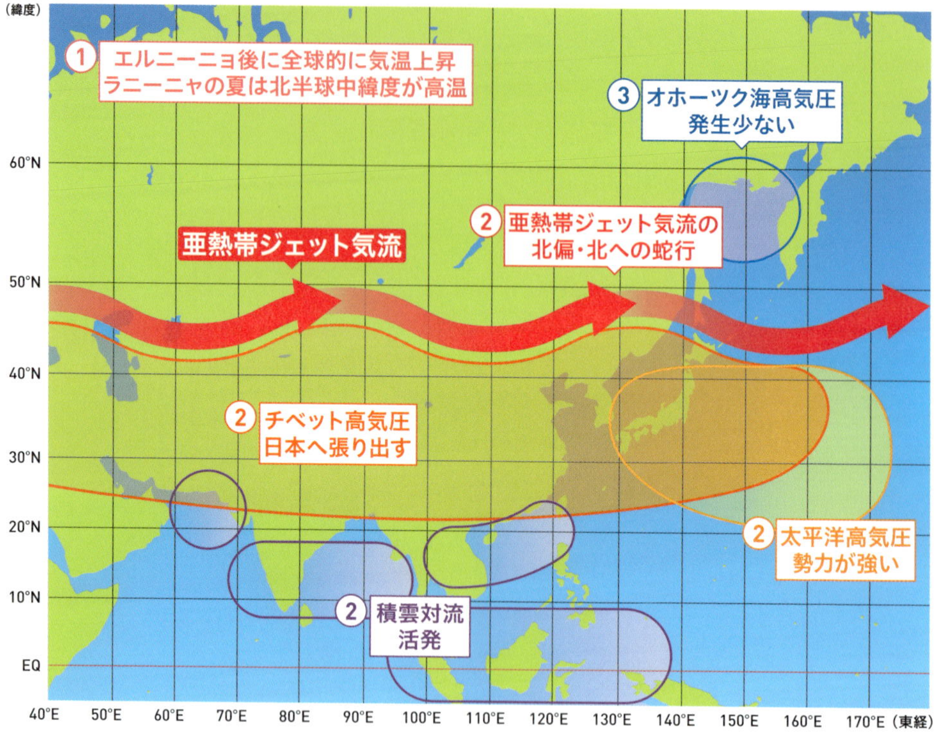

2010年夏、日本の平均気温の平年差は+1.64°Cとなり、夏の気温としては統計を開始した1898年以降の113年間で、最も高い記録となった。また、全国の気象台・測候所等で観測した2010年夏の平均気温は、154地点中55地点で統計開始以来の高い記録を更新した。

記録的猛暑には複数の要因がある

記録的な猛暑になる時は、複数の要因が重なって起こる。2010年夏の猛暑は大きく3つの要因に分けられる。

要因1　対流圏の気温は、エルニーニョ現象終了後に全球的に上昇し、ラニーニャ現象が発生している夏は、北半球中緯度の気温が高くなる傾向がある。この夏は2つの傾向が重なった可能性がある。

要因2　亜熱帯ジェット気流が日本付近で北へ蛇行、上層のチベット高気圧も日本付近へ張り出し、日本付近は背の高い暖かい高気圧ができた。さらにフィリピン付近の対流活動も活発なため、太平洋高気圧の勢力も強まった。

要因3　例年は冷涼なオホーツク海高気圧の影響を受ける時期があるが、この夏はほとんどなかった。

台風接近で猛暑

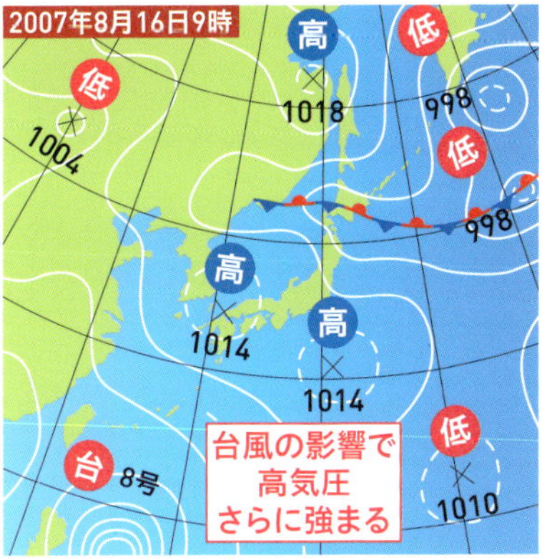

2007年8月16日は日本最高気温を観測。

冷夏の天気図

2003年の夏はオホーツク海高気圧がしばしば発達して冷夏になった。

2010年夏、猛暑が続く

2010年は熱中症の死者が全国で1718人に達し、統計開始の1964年以降で最も多くなった。写真は2010年の東京・銀座。

日本最高気温記録の日

2007年8月16日は、埼玉県熊谷市と岐阜県多治見市でともに最高気温40.9°Cを記録し、日本の観測史上最も高い記録となった。(1933年山形市の40.8°Cを超え、74年ぶりに記録更新)本州付近は夏の高気圧に広く覆われていることがわかるが、南の海上に台風8号があり、台風の影響で高気圧の勢力がさらに強まり、各地で記録的な暑さになった。

冷夏だった2003年

冷夏になる時は夏の高気圧の勢力が弱まり、代わってオホーツク海高気圧の勢力が強まる。2003年の夏はオホーツク海高気圧が現れることが多く、全国的に冷夏になった。8月16日もオホーツク海高気圧の影響で、東京の最高気温は20.2°Cと10月下旬並み、過去50年間では1993年と並んで8月として最も低い記録となった。

日本の夏を決める3つの高気圧

太平洋・チベット・オホーツク海高気圧

● 夏の太平洋高気圧

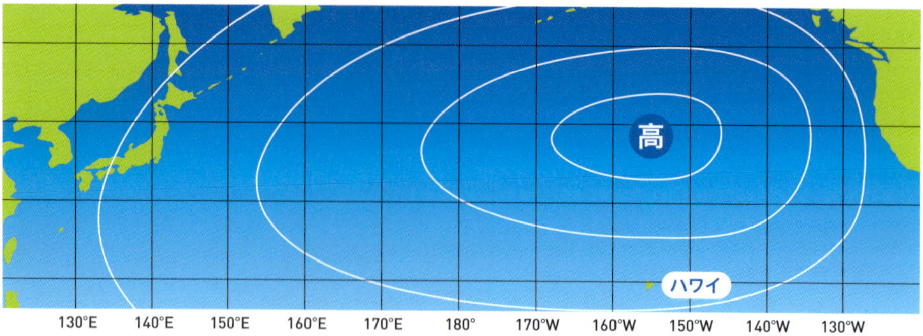

● 温暖高気圧

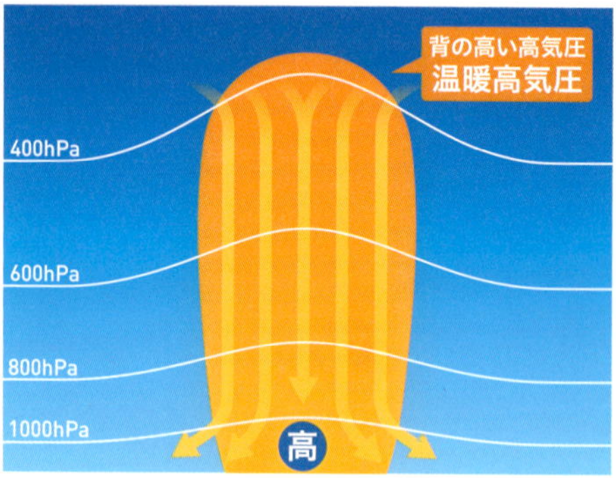

上空5km以上まで延びる背の高い高気圧。

● 寒冷高気圧

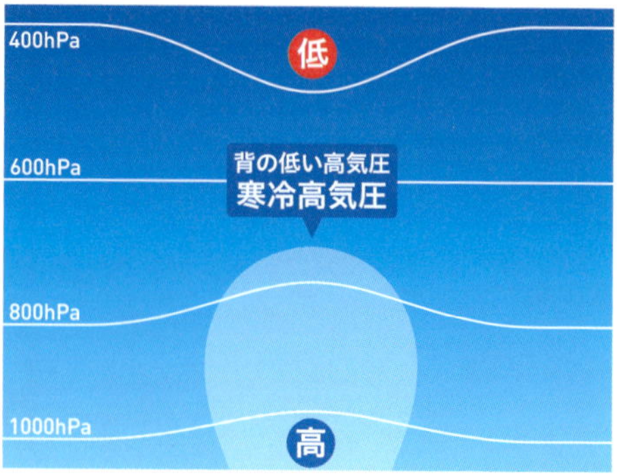

上空1～2kmまでの背の低い高気圧。

大きく温暖な太平洋高気圧

太平洋高気圧は夏を中心に強まる高気圧で、東西は6,000km以上に広がり、その中心はハワイ諸島の北にある。小笠原諸島付近に中心をもつ高気圧を小笠原高気圧と呼ぶことがあるが、この高気圧も太平洋高気圧の一部である。

この太平洋高気圧は背の高い暖かい高気圧である。背の高い高気圧は、通常上空5km以上まで高気圧になっているものを指し、上空で集まった空気が下降して気温が上がる。周囲より気温が高く温暖高気圧とも言われる。

一方、冬に大陸で発達するシベリア高気圧などは背の低い高気圧である。冬のシベリアは放射冷却などにより、地上から1～2kmの厚さに冷えた層ができ、周りより密度が大きい高気圧ができる。上空は高気圧ではなく、背の低い高気圧で、寒冷高気圧とも呼ばれる。

● チベット高気圧

春から夏にかけて、アジアからアフリカの対流圏上層に現れる高気圧。

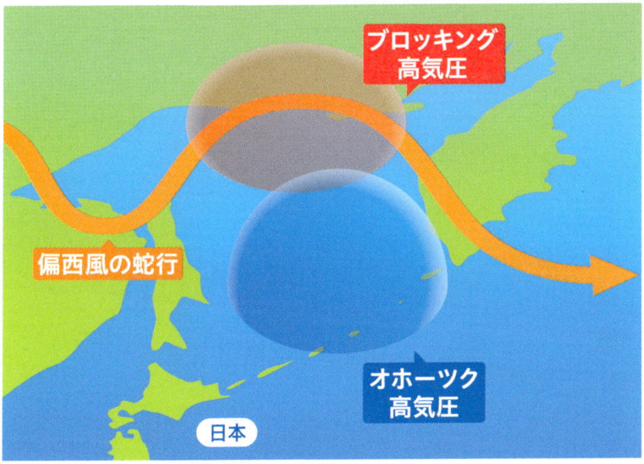

● オホーツク海高気圧

太平洋高気圧、チベット高気圧は日本を暑くする高気圧であるが、オホーツク海高気圧は日本を涼しくする高気圧。

上層のチベット高気圧

対流圏上層に現れる高気圧で、特に100hPa《ヘクトパスカル》（高度約15～16km）で明瞭に見られる。海洋から大陸に向かってモンスーンが吹くとヒマラヤ山脈などで上昇気流が生まれ、たくさんの積乱雲が発生、凝結熱を発生させる。さらに平均標高4,000m以上のチベット高原は暖まりやすく、チベット高原付近の上空が暖まって、チベット高気圧が発生する。

涼しくするオホーツク高気圧

梅雨時、オホーツク海周辺では偏西風が蛇行しブロッキング高気圧ができやすい。ブロッキング高気圧は周りより暖かな空気だが、オホーツク海は冷たく、長くとどまっていると下層が冷たく湿潤になってくる。背の高い温暖な高気圧から次第に背の低い寒冷な高気圧の性質が濃くなっていくのである。この冷たい高気圧から吹き出す風が日本を涼しくする。

爆弾低気圧—❶

爆弾低気圧のメカニズム

非常に湿った暖気と強い寒気のぶつかり合いで発生

● 爆弾低気圧

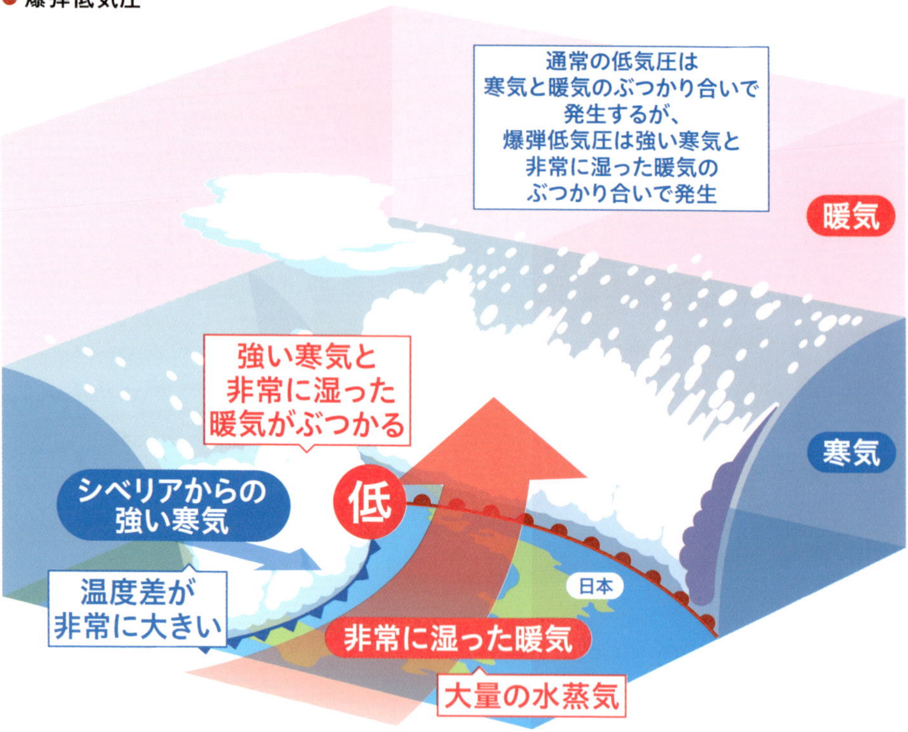

非常に湿った暖気と強い寒気がぶつかり合って急激に発達するのが爆弾低気圧。

爆弾低気圧

温帯低気圧は暖気と寒気のぶつかりによってできていて、暖気と寒気の気温差が大きければ大きいほど、低気圧は発達する。さらに暖気に水蒸気が多く含まれていると、水蒸気が凝結する際に空気が暖まり上昇気流が強まって、低気圧がさらに発達する。こうして爆弾低気圧は、非常に湿った暖気と強い寒気によって、あたかも爆弾が爆発したかのように急速に発生する。春の発生が多い。

日本付近では、中心気圧の24時間の低下が北緯30°で14hPa《ヘクトパスカル》、北緯40°で18hPa以上が爆弾低気圧とされている。気象庁では爆弾低気圧とは呼ばず、「急速に発達する低気圧」と呼んでいる。

低気圧の大きさは、水平距離で数千kmにも及び、日本列島より大きい。

このため低気圧が急激に発達した時は、急

● 下図AからBを鉛直方向に見た図

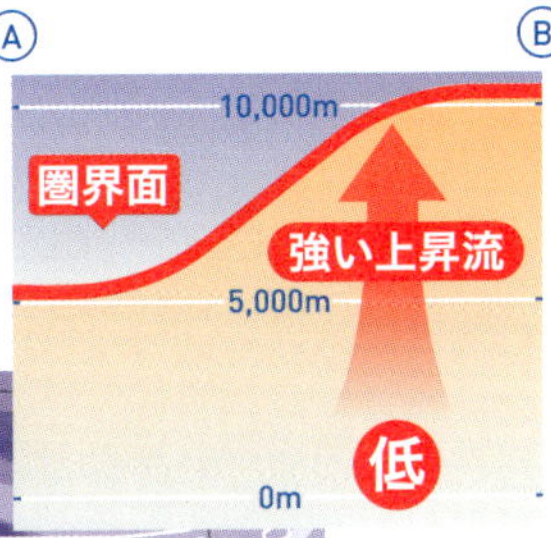

● 圏界面の気圧と地上気圧

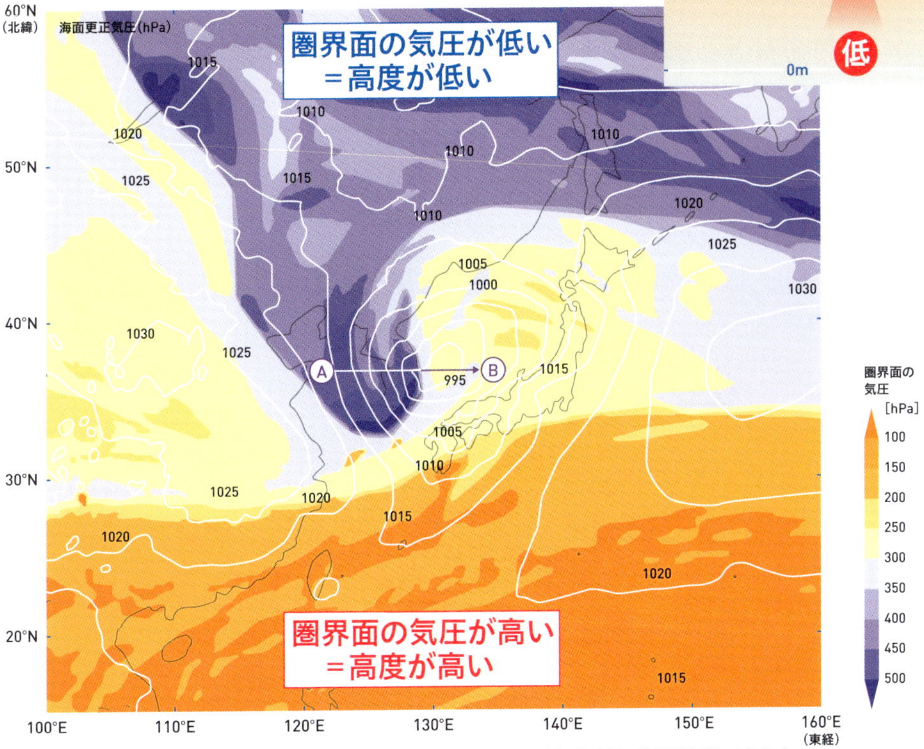

2012年4月3日9時、カラーは圏界面の気圧（hPa、圏界面の高度に対応）、白実線は海面更正気圧（hPa）。

に全国的に荒れた天気になるのである。

圏界面の変動でさらに発達

2012年4月3日の爆弾低気圧は、対流圏と成層圏の境の圏界面《けんかいめん》が変動することによってさらに発達した。圏界面とは、対流圏と成層圏の境目のことを指す。

低気圧は上空の気圧の谷が西から接近すると発達する。2012年4月の爆弾低気圧は、上空の気圧の谷に対応して圏界面が大きく下がった。圏界面の高さは、通常9,000〜12,000mくらいだが、今回は5,000m付近まで下がった。一方、低気圧の東側では、凝結熱などによる加熱と対流のために圏界面は10,000m以上にまで上がっている。低気圧の上空では圏界面の傾きが非常に大きくなったため、強い上昇気流が引き起こされて、低気圧がさらに発達したが、因果が逆もあり得る。

爆弾低気圧―②

急激に日本全域に荒れた天気が発生

全国的に暴風が吹く

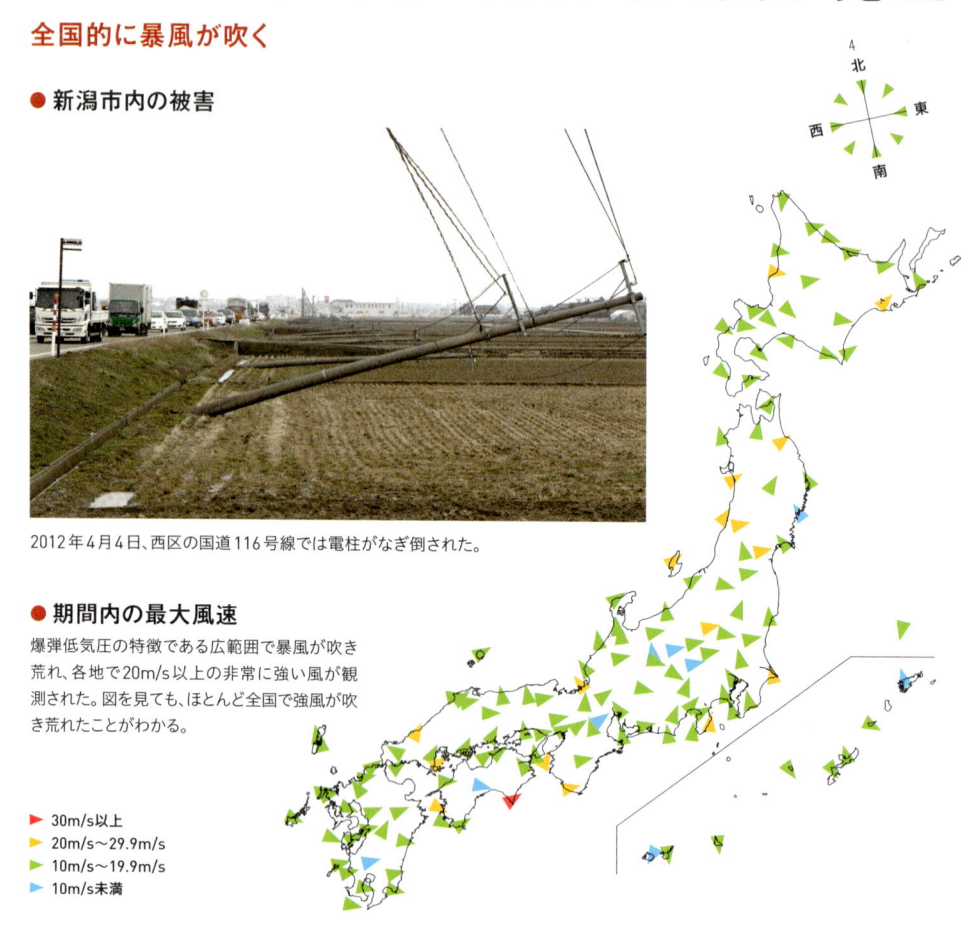

● 新潟市内の被害

2012年4月4日、西区の国道116号線では電柱がなぎ倒された。

● 期間内の最大風速

爆弾低気圧の特徴である広範囲で暴風が吹き荒れ、各地で20m/s以上の非常に強い風が観測された。図を見ても、ほとんど全国で強風が吹き荒れたことがわかる。

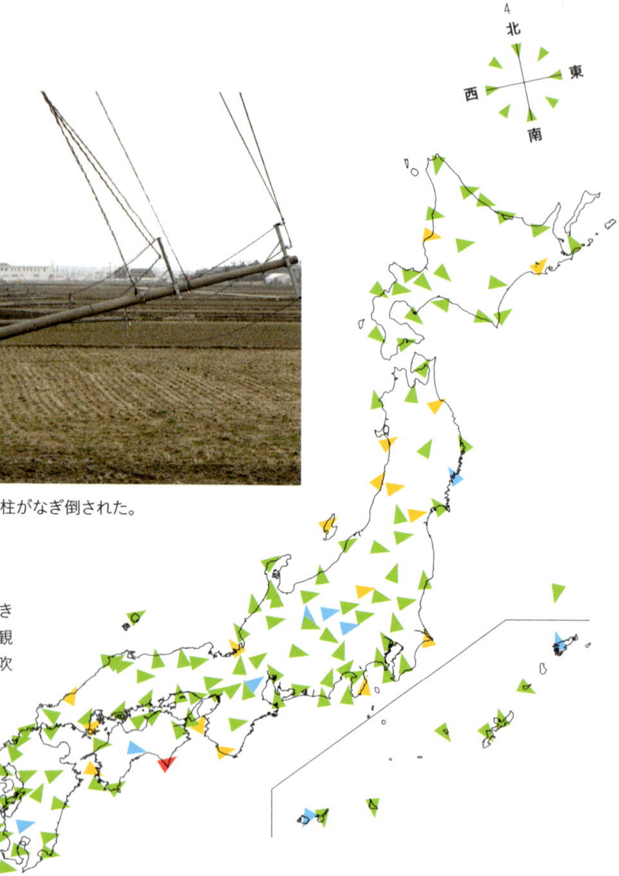

- ▶ 30m/s以上
- ▶ 20m/s～29.9m/s
- ▶ 10m/s～19.9m/s
- ▶ 10m/s未満

全国的に暴風が吹き荒れる

2012年4月3～5日は、爆弾低気圧の影響で、暴風の目安となる風速20m/sを超えた観測地点数は78地点(927地点中)に達し、全国的に暴風が吹き荒れた。最大風速は和歌山県和歌山市友ケ島で32.2m/sを観測するなど強い所で30m/sを超え、観測地点75地点(889地点中)で観測史上1位を更新した(統計期間が10年以上ある地点を対象)。最大瞬間風速は、新潟県佐渡市両津で43.5m/s、山形県酒田市41.4m/s、秋田市40.8m/s、栃木県奥日光40.1m/など各地で40m/sを超えた。

低気圧の急発達

低気圧の中心気圧は、4月2日21時には1006hPaであったが、日本海で急速に発達し、12時間後の3日9時には986hPaと20hPaも下がり、さらに3日21時には964hPaと24時間で

●低気圧が記録的に急発達

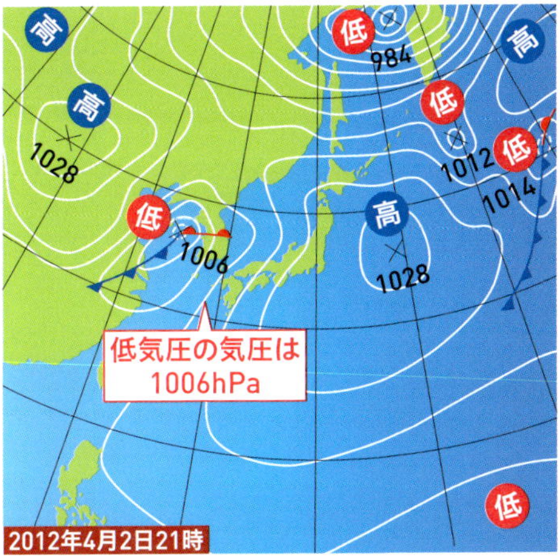

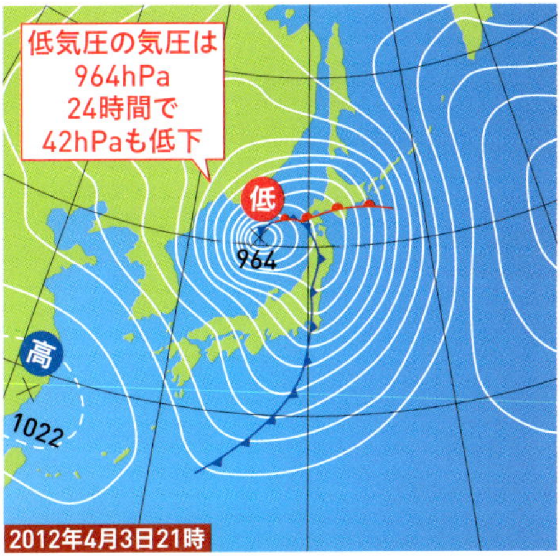

黄海の低気圧は中心気圧が1006hPaであったが、その24時間後は日本海で964hPaまで発達した。24時間で42hPaも下がり記録的に急発達した。

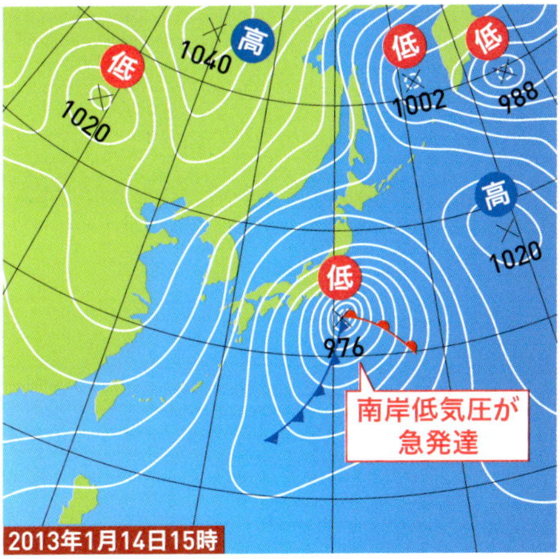

●大雪に見舞われた成人の日

低気圧が南の海上で急発達し、関東では予想外の大雪となった。冬に低気圧が発達する時は大雪にも注意が必要。

42hPaも下がった。

この低下量は過去の研究からして、日本海からオホーツク海にかけて発達する低気圧では飛び抜けて大きな値である。このため、西日本から北日本の広い範囲で暴風が吹き荒れた。

成人の日の大雪

2013年1月14日低気圧が南の海上で急速に発達し、14日9時から15日9時までの24時間に気圧が44hPa下がった。低気圧が予想以上に発達し、関東では予想外の大雪となった。東京の積雪は8cmで7年ぶりの大雪となった。

関東の雪は、気温の少しの違いで雨になったり雪になったりする。低気圧が発達する時は、発達の程度で気温も変わるため、予報が難しくなる。

Column

アメリカの竜巻

● **竜巻の年間発生数**（1991〜2010年平均）

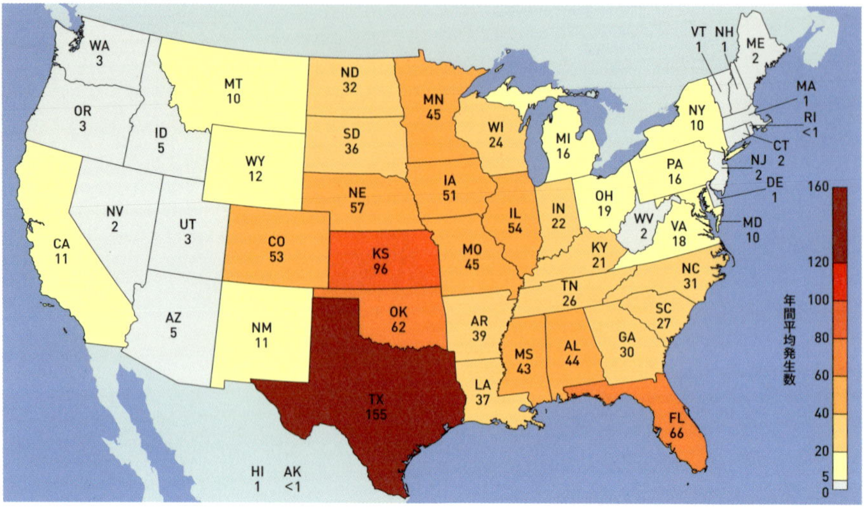

WAなどの文字は州名

日本の竜巻（⇒P034）と米国の竜巻の違いは、強さと数である。強さは、これまで日本では藤田スケール（⇒P034）でF3が最大である。米国では年による差が大きいが、平均すると1年に約1個、F5の竜巻が発生している。2013年5月もオクラホマ州で最強クラスのEF5（右記参照）の竜巻が発生し、大きな被害が出た。

1年間の発生数は、米国では1264個（1991〜2010年平均）である。日本よりかなり多いが、単位面積に換算すると日本は米国の約3分の1と、少なくはないのである。発生地域は、テキサス州、オクラホマ州、カンザス州付近で多いことがわかる。この辺りは、南のメキシコ湾からは暖かく湿った空気が流れ込み、北からは寒気が流れ込んで、2つの空気がちょうどぶつかり合う所である。大気の状態が不安定になりやすく、竜巻が発生しやすいのである。

EFの意味

EFとは改良藤田スケールのこと。被害調査を詳細に行い実際の風速に近づけるように改良された。藤田スケールと同様にEF0〜EF5まで6ランクがあり米国では2007年から使用。

月別の発生数

日本では最多の発生は9月だが、米国では最多が5月、次が6月となっている。

● **米国竜巻の月別発生数**（1991〜2010年平均）

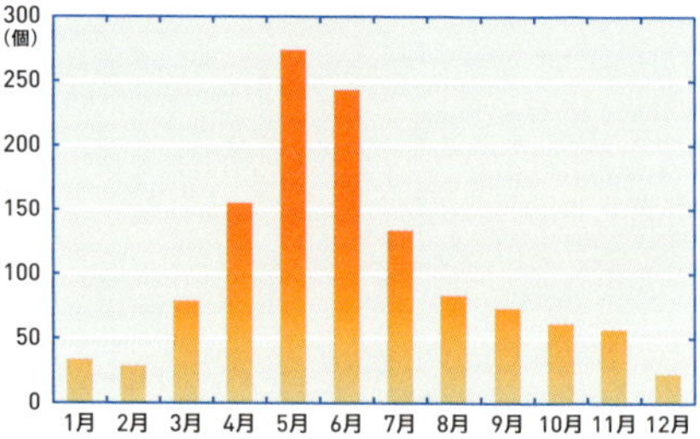

第２章

異常気象の原因はこれだ

気象と深い関係のある大気や海洋は世界中でつながっています。
異常気象の原因、さらに地球温暖化の問題点に
地球規模のグローバルな視点で迫ります。

テレコネクション

世界の異変が日本に異常をもたらす

ポイントは北極振動、偏西風の蛇行、エルニーニョ、インド洋

テレコネクション

地球の大気はつながり合っている。池に石を落としたら波紋が広がるように、気象もどこかで何か変化があれば、遠く離れた地域の気象も変化する。このように遠く離れた地域の現象がつながり、関係していることをテレコネクションと呼ぶ。数千km離れている場所でも、気圧、気温、降水量などが関係しているため、異常気象を考えていくうえでは、遠く離れた地域の状況や関連性も見ていくことが大切である。

日本は中緯度に位置しているため、その北の高緯度の北極域、また南の低緯度、熱帯域の影響をともに強く受けている。このようにさまざまな地域からの影響を受ける日本であるが、異常気象を考えるうえでポイントなるのは、北極振動、偏西風の蛇行、エルニーニョ、インド洋高温の4点である。

テレコネクションのポイント

●北極振動 (⇒P056)

北極振動とは、北極付近と中緯度の気圧がシーソーのように変動する現象で、負の北極振動になると、中緯度に寒気が流れ込みやすく、日本は寒冬になりやすい。

●偏西風の蛇行 (⇒P064)

偏西風が蛇行すると、北側に蛇行した地域では暖気が流れ込んで気温が高くなり、南側に蛇行した地域では、北から寒気が流れ込んで気温が低くなる。偏西風が大きく蛇行するようになると、気温の変動がより大きくなり、その期間もより長くなる。

●エルニーニョ (⇒P058)

エルニーニョは南米ペルー沖の海水温が平年より高くなる現象であるが、エルニーニョが発生すると、日本では冷夏・暖冬になりやすい。一方、反対のラニーニャが発生すると、日本では猛暑・寒冬になりやすい。

●インド洋高温 (⇒P070)

インド洋の海水温が平年より高くなると、その影響が遠くの地域まで影響を与えて、日本では冷夏になりやすい。

**エルニーニョ・ラニーニャ
日本への影響**

日本	夏	冬
エルニーニョ	冷夏	暖冬
ラニーニャ	猛暑	寒冬

北極振動

負の北極振動で日本は寒冬

気圧が北極付近と中緯度で相反して変動

● 北極振動と異常気象

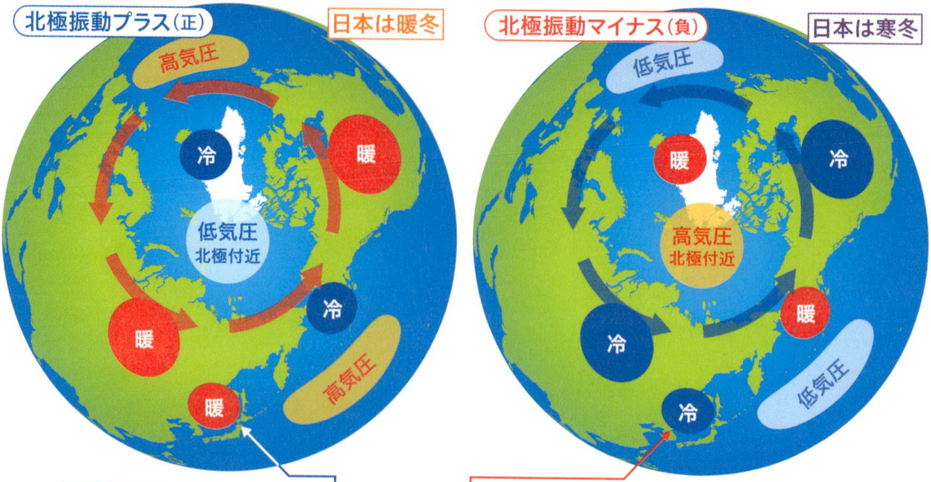

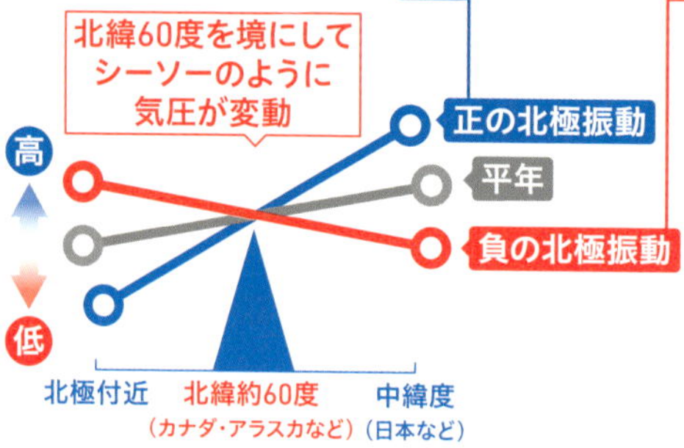

北極振動が正の時は、北太平洋と北大西洋でより高気圧になりやすく、日本付近や北アメリカなどで暖かくなりやすい。逆に負の時は、北太平洋と北大西洋でより低気圧になりやすく、日本付近や北アメリカなどで寒くなりやすい。

● 北極振動

北極振動は北半球の海面気圧を用いて分析された、最も現れやすい変動パターンである。北緯約60度を境にして、北と南で気圧がシーソーのように変動する。

北極振動とは?

北極振動とは、北極付近と日本などの中緯度の気圧が、シーソーの関係のように変動する現象のことである。

北緯約60度を境にして、それより北で気圧が高い時は南では逆に低くなり、この状態が負の北極振動と呼ばれる。逆に北で気圧が低い時は南で高くなり、これが正の北極振動になる。

北極振動は1998年にデヴィッド・トンプソン（David W. J. Thompson）とジョン・ウォーレス（John M. Wallace）によって提唱された現象で、冬季に顕著に現れ、数週間程度から数十年程度までの、さまざまな周期をもつ変動が重なっていると考えられている。

日本では負の北極振動になると、北から寒気が流れ込みやすく寒冬に、逆に正の北極振動になると暖冬になりやすい。

●負の北極振動（2009〜2010年冬）と世界の異常気象

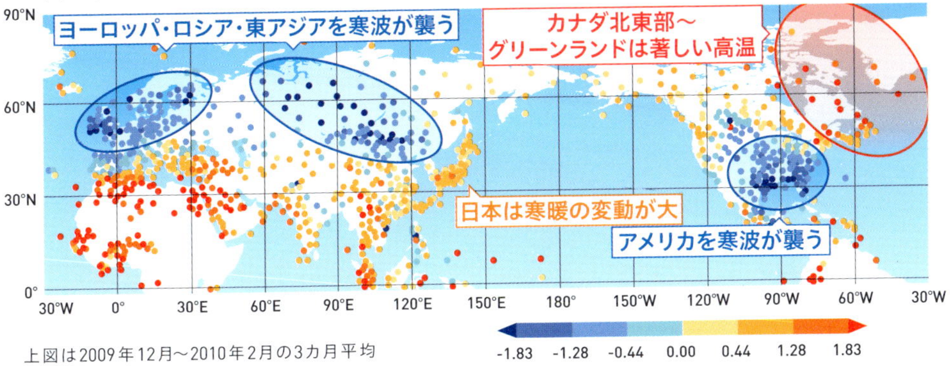

上図は2009年12月〜2010年2月の3カ月平均気温の規格化偏差。規格化偏差は平年偏差を標準偏差で割ったもので、＋（－）1.83以上（以下）が30年以上に1回の高温（低温）の目安となる。2009〜2010年の冬は、比較データのある1979〜1980年冬以降、最も負の北極振動が顕著になった。ヨーロッパからロシア、東アジア、アメリカを寒波が襲い、イギリスやアメリカ、中国、韓国などでは記録的な大雪も観測された。一方、カナダ北東部からグリーンランドにかけて著しい高温になった。日本はエルニーニョの影響などにより気温が高くなったが、寒暖の変動が大きく、一時的に強い寒気が流れ込み、日本海側で大雪の降った所もあった。

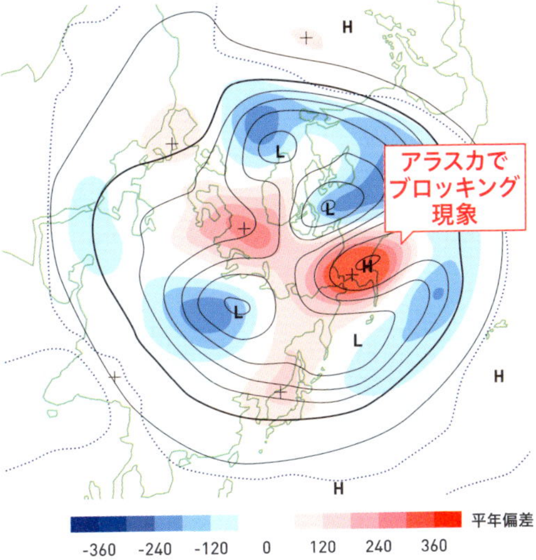

●北極振動のきっかけ

500hPa高度と平年偏差
2009年12月7〜11日　赤色が平年より高く、青色が平年より低い。

北極振動のきっかけ

北極振動は、北半球の中高緯度の大気自体がもっている、起こりやすい変動である。何らかのきっかけで正あるいは負の北極振動になると、しばらくその状態が持続しやすい。

北極振動のきっかけのひとつと考えられるのがブロッキング現象である。2009〜2010年の場合は、12月に入りアラスカ付近でのブロッキング現象がきっかけになり、その直後には北大西洋でもブロッキング現象が起き、負の北極振動が現れるようになった。

北極振動は成層圏との結びつきも強く、成層圏突然昇温（高緯度成層圏の気温が数日間で数十度も上昇する）が起こると、数週間後に対流圏に影響を与えて北極振動を負にするという研究もある。北極振動の動向を見るには、成層圏の状態も把握することが大切である。

エルニーニョ・ラニーニャ―①

熱帯の変化が日本を暑くする

ラニーニャは猛暑、エルニーニョは冷夏へ

● PJパターン

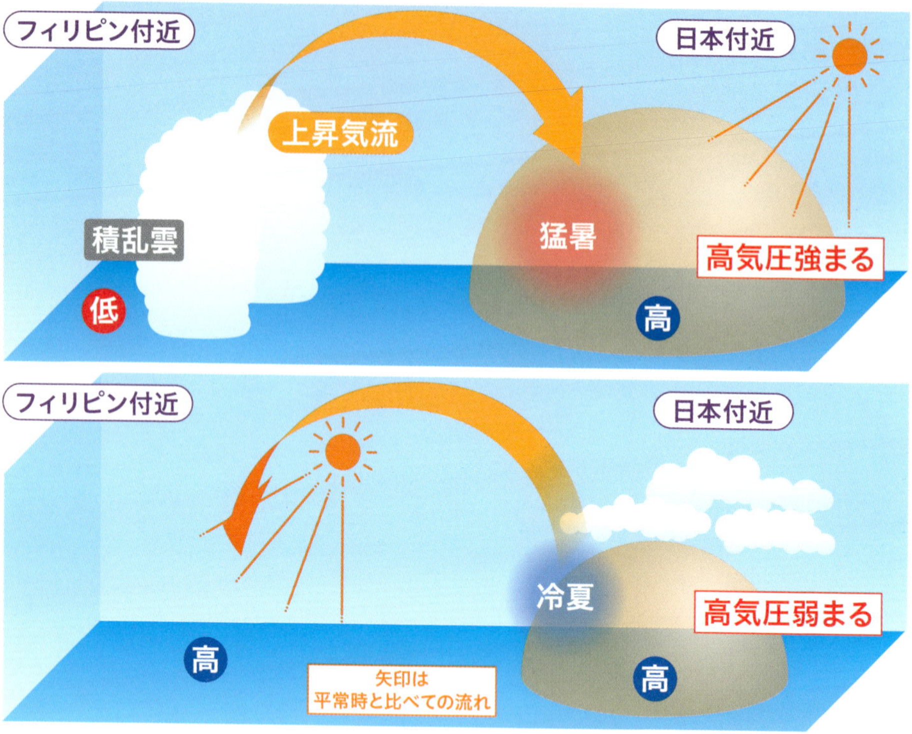

フィリピン付近の対流活動と日本の天候には深い関係がある。対流活動が活発な時は、日本では夏の高気圧の勢力が強まり猛暑になりやすい。逆に対流活動が弱まると、夏の高気圧の勢力が弱まり冷夏になりやすい。

世界の大気はつながっている

世界の大気はつながっていて、ある地域の気象が、遠く離れた地域に影響を与えることがある。これをテレコネクションと呼ぶ。テレコネクションにはいくつかのパターンが明らかになっているが、日本の夏の天候に大きく影響を与えているのが、PJテレコネクションパターンである（PJはPacific-Japan patternの略）。

PJテレコネクションパターン

西太平洋（フィリピン沖）の海水温が高いと、積乱雲が発達し対流活動が活発になる。積乱雲の上昇気流が、日本付近では下降気流になり高気圧が強められる。フィリピン付近の対流活動と日本付近の高気圧の関係性がPJテレコネクションパターンである。

ラニーニャの時はフィリピン付近の対流活動が活発になる。日本付近では夏の高気圧

● ラニーニャ・エルニーニョの特徴

	フィリピン付近の積乱雲	日本付近の高気圧	夏
ラニーニャ	多い	強まる	猛暑
エルニーニョ	少ない	弱まる	冷夏

● 冬のラニーニャ（日本は寒冬）

ラニーニャ発生
▼
フィリピン付近・積乱雲が多い
▼
ジェット気流 日本付近で南側に蛇行
▼
日本は寒い冬に

フィリピン付近の対流活動は、夏は日本付近の高気圧の勢力に影響を与えたが、冬はジェット気流の流れを変える。冬のラニーニャ時は、フィリピン付近の対流活動が活発になり、日本付近ではジェット気流が南に蛇行し寒い冬になりやすい。

が強められて、安定した晴天と暑さが続き、猛暑となるのである。

逆にエルニーニョの時は、フィリピン付近の対流活動が弱まり、日本付近の高気圧が弱まる。夏の高気圧が弱まると、晴天と暑さが続かず、冷夏になりやすい。

フィリピン付近の積乱雲の状況によって、日本の夏が猛暑になったり冷夏になったりするのである。

ラニーニャが日本の冬を寒くする

ラニーニャが発生している時は、フィリピン付近で積乱雲がたくさん発生するようになり、その北側では高気圧が強められるため、ジェット気流が大陸付近で北側に蛇行し、日本付近では南側に蛇行するようになる。

南側に蛇行すると、日本付近には強い寒気が流れ込みやすく、寒い冬となるのである。寒い冬は日本海側で大雪になりやすい。

南米沖の海水温の高低で決まる

数年に一度発生

● 1997年11月の
月平均海面水温平年偏差

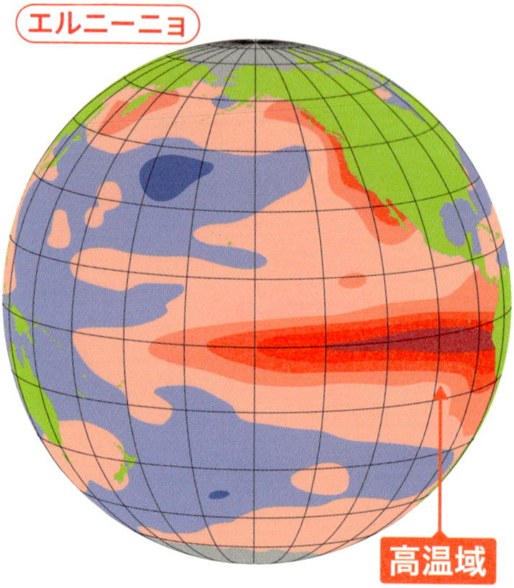

● 1988年12月の
月平均海面水温平年偏差

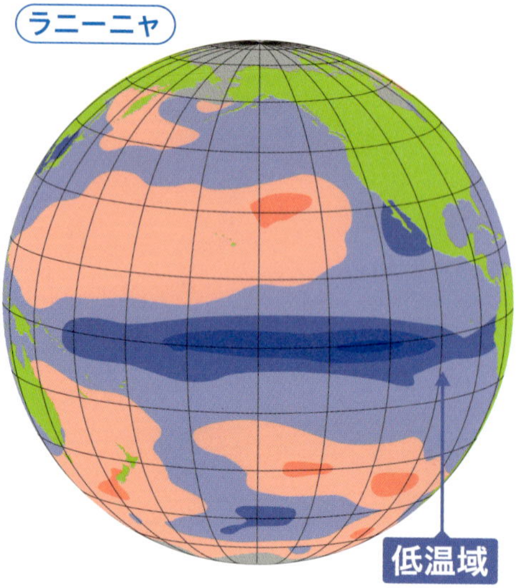

上図は典型的なエルニーニョ・ラニーニャ現象が発生している時の海面水温の平年偏差の分布である。赤が平年より高く、青が平年より低く、色が濃いほど平年偏差が大きいことを表す。左図は1997～98年のエルニーニョ現象が最盛期にあった1997年11月の海面水温の平年偏差、右図は1988～1989年のラニーニャ現象が最盛期であった1988年12月の海面水温の平年偏差である。

エルニーニョ・ラニーニャ

エルニーニョ現象とは、太平洋赤道域の南米ペルー沖から日付変更線付近までの海面水温が平年に比べて高くなる現象である。発生期間は1年前後のことが多い。

一方、同じ海域で平年に比べて低くなる現象がラニーニャである。エルニーニョ、ラニーニャとも大体数年に一度発生しているが、発生した際には日本を含め世界中で異常な天候が起こりやすくなるので注意が必要である。

スペイン語でエルは定冠詞、ニーニョは「男の子」の意味で、エルニーニョは幼子イエス・キリストを指しているという。南米ペルーの漁民の間では、毎年12月に暖流によって沿岸の海水温が上がることを、ちょうどクリスマスの頃にあたることからエルニーニョと呼んでいる。現在ではエルニーニョと言うと、ペルー沿岸の季節的な現象ではなく、数年に

● エルニーニョの冬

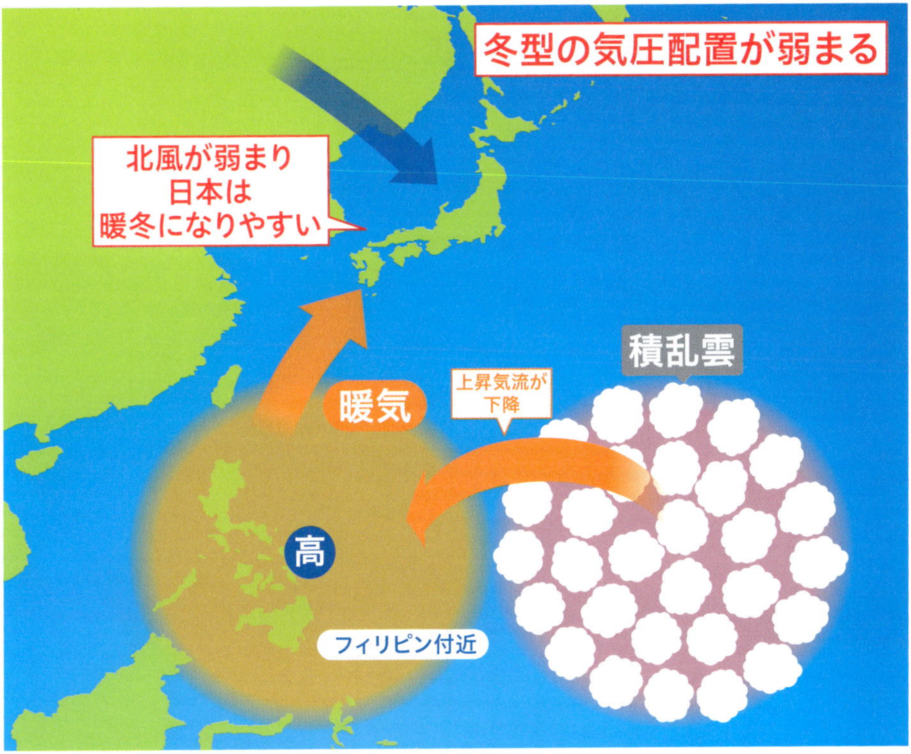

エルニーニョの冬は冬型の気圧配置が弱まり暖冬になりやすい。南の積乱雲の発生域が変わることでフィリピン付近は高気圧になり、高気圧からの暖気が日本付近で北風を弱め、冬型の気圧配置を弱める。

一度広範囲で海水温が高くなる現象に使われることが多い。

エルニーニョで暖冬へ

エルニーニョの時は、太平洋赤道域の中部から東部で平常時より海水温が高く、積乱雲の発生域が平常時より東へずれる。フィリピン付近は、積乱雲の上昇気流が下降する場に入り高気圧になる。

フィリピン付近の高気圧から吹き出す風は、日本付近では南西からの風となる。冬の日本付近は西高東低の冬型の気圧配置で北寄りの風が吹くことが多い。南西からの暖かな風は、冬の冷たい北風とは逆の風で、北風を弱める働きをする。このため、エルニーニョ発生時の冬は、平常時と比べて北風が弱まり冬型の気圧配置が弱まる。冬型が弱まると北からの寒気が流れ込みにくく、暖冬になりやすい。

大気海洋相互作用の現象

遠く離れた海水温の変化がもたらす

● 平常時の貿易風

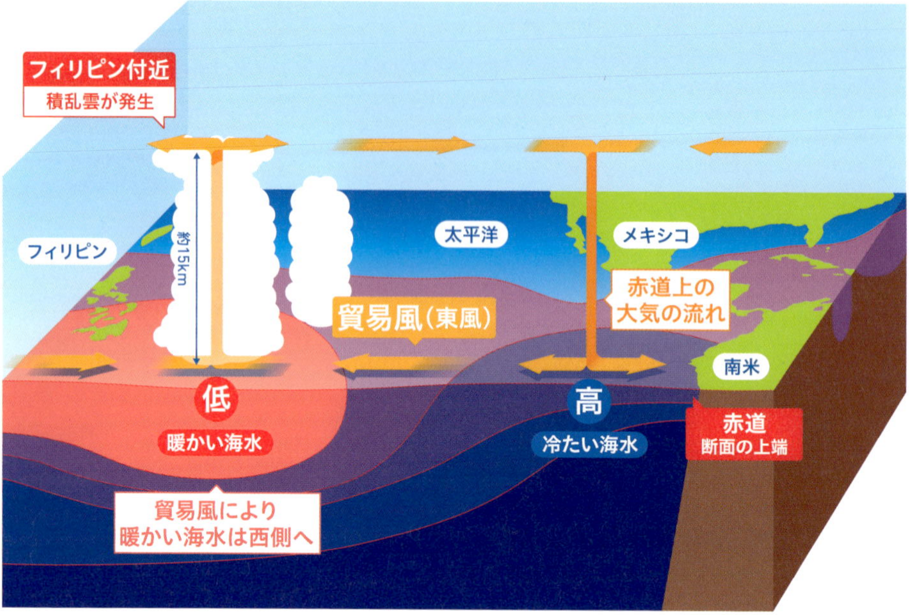

フィリピン付近で上昇した空気は対流圏の上層で東と西へ向かい、東へ向かった空気は東太平洋で下降し、貿易風となる。この東西鉛直循環のことをウォーカー循環と呼ぶ。貿易風が海水温の変化をもたらし、対流活動に変化を与える。対流活動の変化がウォーカー循環を通して貿易風と海水温にも影響を与える。こうした大気と海洋の関係を大気海洋相互作用と呼ぶ。

平常時の貿易風

熱帯では常に貿易風と呼ばれる東風が吹いている。この東風によって表面の暖かな海水は、西側へ吹き寄せられる。

日射しの強い熱帯では、風がなく蒸発(潜熱)が少なければ、海面は28～29℃になる。一方、東太平洋では、東風などの影響で少なくなった海水を補うように湧昇《ゆうしよう》(海水が深層から湧き上がる)があるため、海水温が低くなる。

貿易風が弱まる

貿易風の東風がひとたび弱まると、西側にたまっていた暖かい海水が東側へ広がるようになる。また南米沖では深い所からの冷たい海水もあまり湧き上がらなくなるので、太平洋赤道域の中部から東部では平常時より海水温が高くなり、エルニーニョが発生するのである。エルニーニョ発生時は、積乱雲の発生域が平常時より東へずれる。

● エルニーニョ　貿易風弱まる

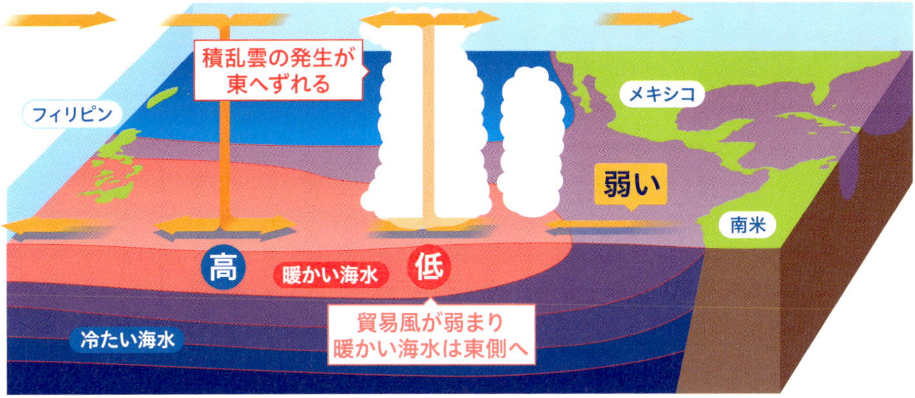

● ラニーニャ　貿易風強まる

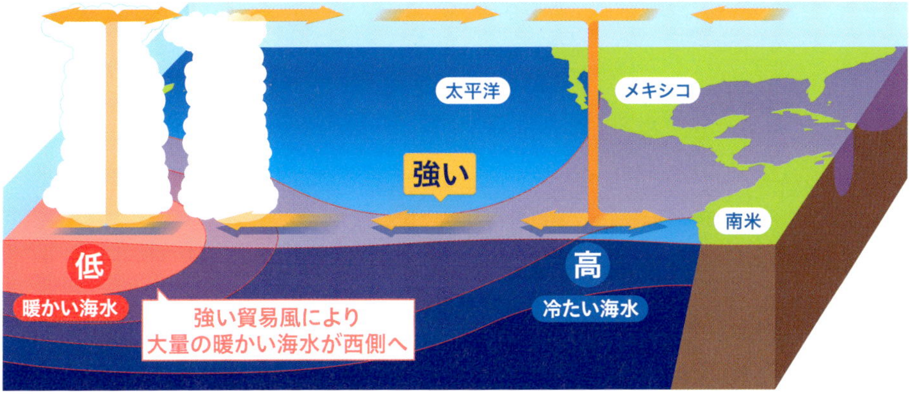

エルニーニョ、ラニーニャは、海水温によって判断されるが、貿易風の強さが異なり、赤道付近の影響は日本にまで及ぶ。

貿易風が強くなる

貿易風（東風）がひとたび強まると、よりたくさんの暖かな海水が西側へ吹き寄せられるため、フィリピン付近の海水温は、一層高くなる。

海水温が高くなると、雨粒のもととなる水蒸気がたくさん発生し、フィリピン沖で積乱雲が多発するようになる。一方、南米沖ではたくさん吹き寄せられた海水を補うようにして、深海から冷たい海水が大量に湧き上がるようになるので、海水温が低くなり、ラニーニャが発生するのである。

貿易風の変化が海水温の変化を生み、熱帯の対流活動に影響を与える。対流活動の変化が東西の鉛直循環を通して、貿易風と海水温に影響を与える。このように大気と海洋は相互に関係しているのである。

こうした赤道付近の変化が、日本など遠くの地域にまで影響を与えるのである。

偏西風の蛇行

大蛇行の原因はブロッキング

ブロッキング高気圧が異常気象を生む

● 偏西風の3パターン

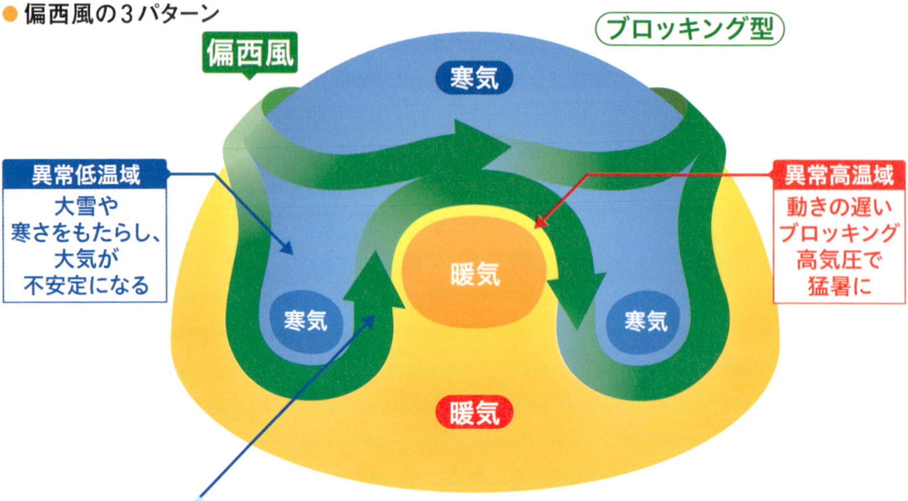

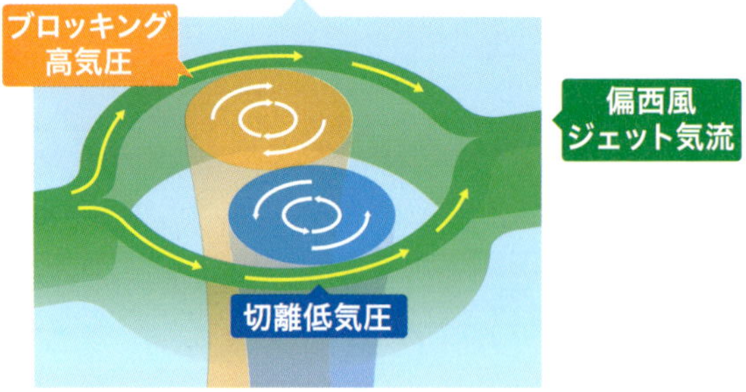

● ブロッキング高気圧と切離低気圧

ジェット気流が蛇行した北にはブロッキング高気圧、南には切離低気圧が発生し、並んだ形になる。ブロッキング高気圧は、通常西から東に流れる低気圧や高気圧の動きをブロックすることからそう呼ばれる。

偏西風の流れ

偏西風は上空を西から東へ流れているが、偏西風の流れには3つのパターンがある。比較的蛇行の小さい「東西流型」、南北に蛇行する「南北流型」、さらに蛇行が大きくなる「ブロッキング型」。偏西風は大きく見ると北極を中心とした寒気と日本など中緯度の暖気との間に流れている。このため一部の寒気が強まれば南へ下がり、暖気が強ければ北に蛇行するようになり、寒気と暖気のバランスに変化が起きると、偏西風が大きく蛇行するようになる。

偏西風が東西流型から南北流型、南北流型から東西流型へと移り変わり、南北流型からブロッキング型になると、長い場合ではそれが1カ月以上続くことがある。影響を受ける地域では同じ天候が長く続くことになり、大雪・猛暑などの異常気象を引き起こす。

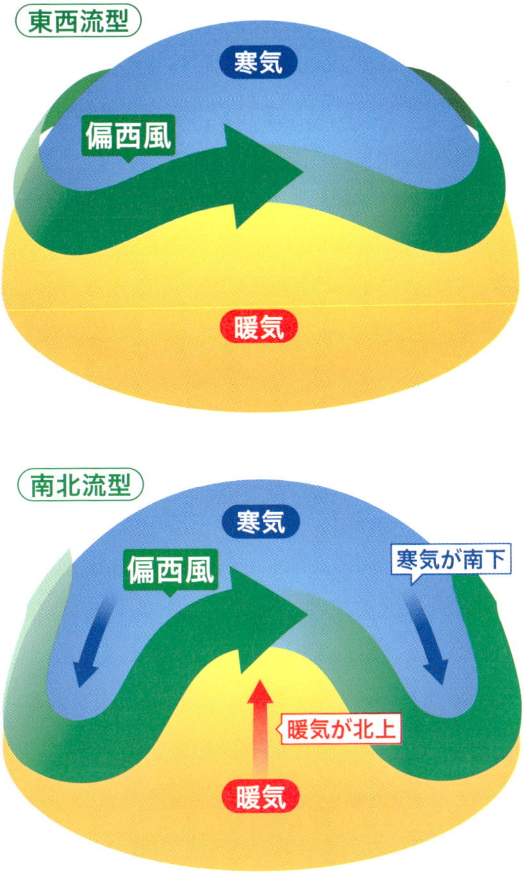

●偏西風パターンの変化

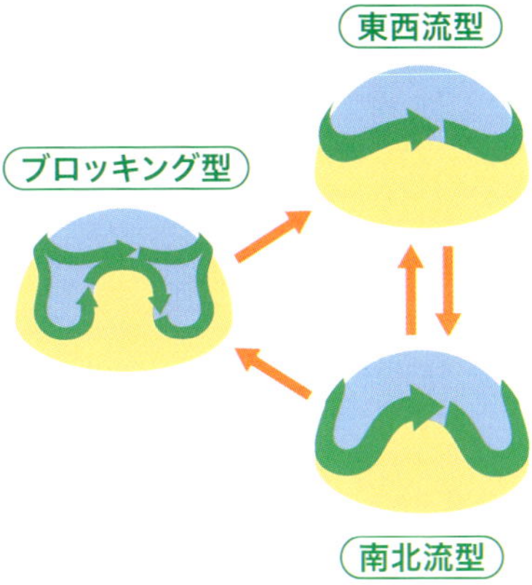

矢印は変化を示す。東西流型から南北流型、南北流型から東西流型へ変わる。南北流型からブロッキング型へ変わり、ブロッキング型が解消すると東西流型に変わる。

ブロッキング高気圧の発生

ジェット気流が北に蛇行する領域にはブロッキング高気圧ができる。ブロッキング高気圧は、対流圏の下層から上層までが高圧部になっている背の高い暖かな高気圧である。ジェット気流が南に蛇行する領域には冷たい切離《せつり》低気圧ができる。ジェット気流はこれらの高気圧と低気圧を迂回するように流れるため、大きく蛇行するようになるのである。

ブロッキングの形成

ブロッキングの発生は、完全に解明されていないが、ロスビー波（⇒P066）が東へ増幅しながら伝わり、ある振幅を超えた所で発生する。偏西風の蛇行そのものがロスビー波であるため、ブロッキング形成には、西側の偏西風の蛇行が深く関係しているのである。

また爆弾低気圧の接近によりブロッキング高気圧が強められることがある。

ロスビー波

遠くまで伝える実体はロスビー波

丸い地球の自転によって生じる波

●ロスビー波

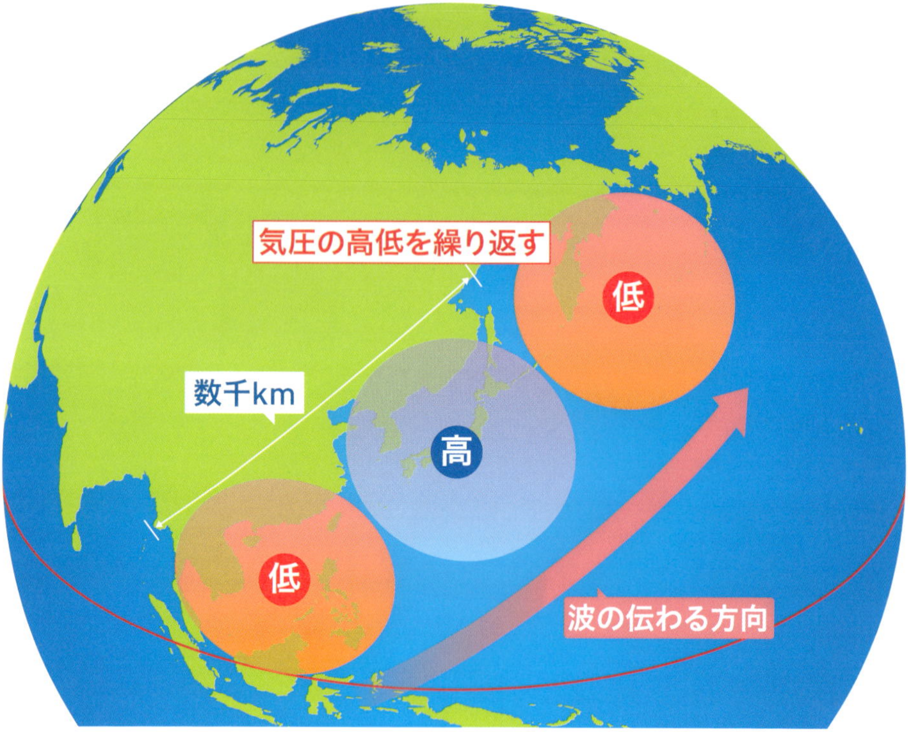

大気が数千kmという長い間隔で気圧の高低を繰り返し、遠くまで伝わる波がロスビー波である。遠くまで影響を伝える実体はロスビー波と言える。

遠くまで伝わるロスビー波

波は遠くまで伝わる性質がある。スカイツリーからの電波も波の一種で、遠くの家まで電波が届くことでテレビを見ることができる。大気中では数千km間隔で気圧の高低を繰り返すロスビー波と呼ばれる波がある。

ロスビー波は、地球が自転していることと地球が丸いことによって生じる波で、偏西風の蛇行や異常天候の理解など、グローバルな気象では最も重要な波である。

ロスビー波のきっかけ

ロスビー波を発生させるきっかけとなるのは、対流活動が平常時と異なることで生じる加熱や冷却、気圧配置の変化、陸面の乾燥・湿潤化、海氷の増減などである。様々なきっかけにより発生したロスビー波が、遠くまで伝わり天候に影響を与えるのである。

●ロスビー波の性質

●ロスビー波のきっかけ

対流活動の変化に伴う加熱・冷却	気圧配置の変化	陸面の乾燥・湿潤化	海氷の増減 など

ロスビー波は、気圧の高低の波が西へ移動する性質があるが、偏西風の中では西風の風速と相殺されて高低の波が停滞するようになる。この波を定常ロスビー波と呼ぶ。波が停滞することで同じ天候が長く続くようになる。

ロスビー波の性質

ロスビー波は、偏西風がないと、高低の波がゆっくり西へ移動する性質をもっている。しかし偏西風が吹いていると、高低の波が西へ移動せず、停滞するようになる。気圧の変化がないということは、同じような天候が長く続くことになる。暑さが続けば猛暑になり、寒さが続けば大雪などの異常気象を引き起こすことになる。

異常天候は西と北と南をチェック

ロスビー波は、波の発生源より東側にしか影響が伝わらない性質があるので、日本の異常天候の監視には、ユーラシア大陸など日本の西側で起こることに注意する必要がある。

さらにロスビー波は南北方向にも伝わるため、熱帯やシベリア方面からの影響も受ける。日本の異常気象を見るには、西、北、南と幅広く見なければならない。

シルクロードパターン

シルクロードパターンと北極海の氷

夏と冬を決めるもうひとつの影響

● シルクロードパターン

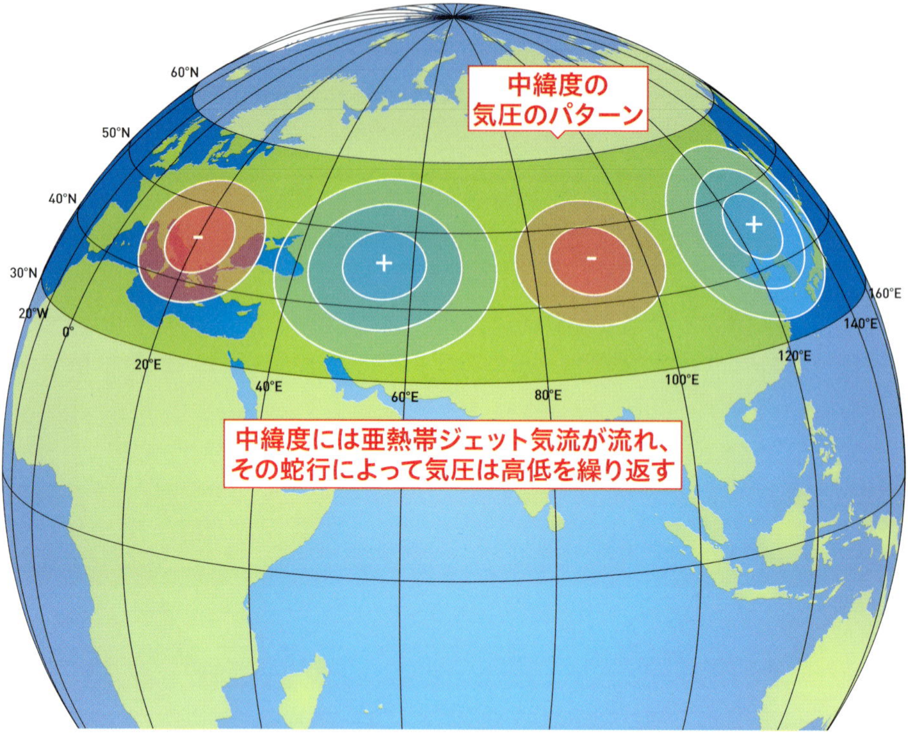

上図は8月の200hPaの高度偏差と気圧のパターンを表している。プラスとマイナスが交互に現れていて、日本から西アジア付近まで続いている。ちょうどここには亜熱帯ジェット気流が流れ、気圧のパターンはジェット気流の蛇行と関係している。こうした大気の波がシルクロード上を伝わるので、シルクロードパターンとも呼ばれる。

シルクロードパターン

夏の日本付近の上空には、亜熱帯ジェット気流が西から東へ流れ、さらに南北に蛇行している。日本付近で北に蛇行していれば夏の高気圧が強められる。

こうした蛇行や高気圧、低気圧のパターンが、テレコネクションのひとつ、シルクロードパターンである。亜熱帯ジェット気流は高気圧の所で北へ蛇行し、低気圧の所では南に蛇行していると考えられる。このシルクロードパターンを西へたどっていくと、西アジア付近までつながっていることがわかる。

シルクロードパターンは、ロスビー波のエネルギーが東へ伝わってできていると考えられている。大気はつながっているため、日本付近から西アジア付近までの波に何らかの変化があると、日本付近にも影響が出てくるのである。夏の天候を考えるうえでは、亜熱帯

海氷変化とシベリア高気圧

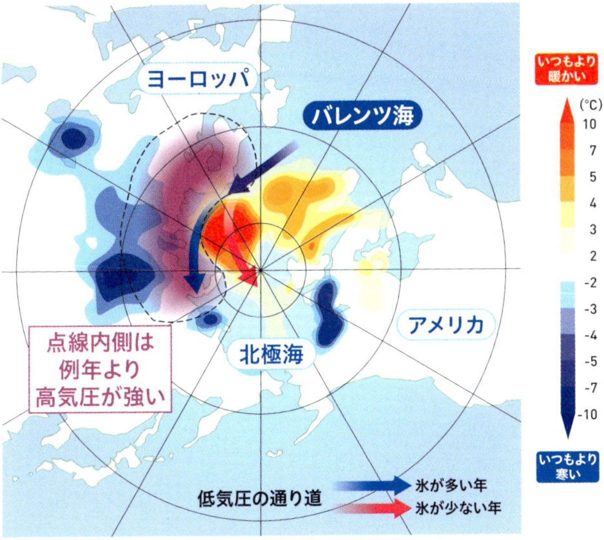

バレンツ海の氷が少ない
▼
低気圧が北上
▼
シベリア高気圧が強まる
▼
日本付近に寒気が流入
▼
日本は寒い冬に

バレンツ海の氷が少なくなるとシベリア高気圧が強まるのは、上記のように低気圧が北上する説とそのほかに露出した海氷面からの加熱という説もある。いずれにしても北極海の氷が少なくなることでシベリア高気圧が強まり、日本付近には寒気が流入しやすく、寒い冬になるのである。

バレンツ海の海氷面積

1月のバレンツ海の海氷面積を見てみると、2006年と2012年が少なく、この年は日本では寒冬になった。1988～2012年の冬に西日本から北日本の全域で平年より低くなったのは、2006年と2012年のみで、バレンツ海の海氷が少ない年とちょうど重なっている。

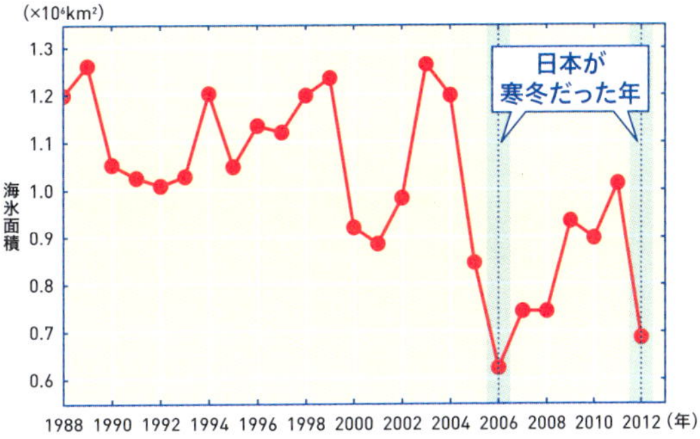

ジェット気流の蛇行、シルクロードパターンにも注目する必要がある。

北極の氷が少ないと日本は寒冬

北極の氷が多ければ寒気が強まり、日本付近も寒くなると思われるが、それとは逆の研究結果が出されている。海洋研究開発機構の研究では、北極海の一部のバレンツ海の氷に注目し、氷の少ない時と多い時で低気圧の進路が変わることがわかった。多い時はシベリア沿岸を通り、少ない時は北上して北極海側を通るようになる。低気圧が北側を通ることにより、南側の高気圧、シベリア高気圧の勢力が北に拡大される。勢力が拡大したシベリア高気圧は強い寒気を持ち、その寒気が日本に流れ込み、日本は寒冬になるのである。北極の氷が少なくなると北極では例年より暖かくなるが、日本では逆に寒くなりやすいのである。

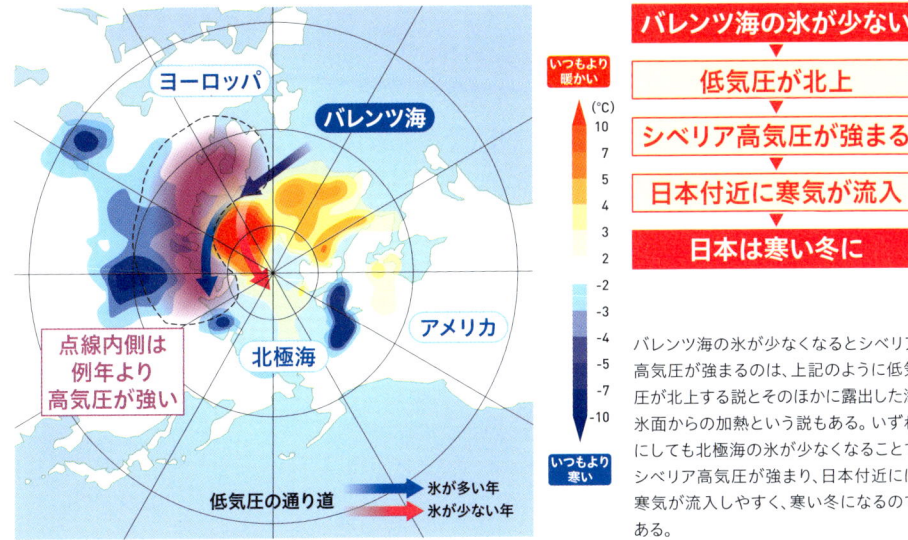

インド洋高温で日本は冷夏

インド洋と日本の気象はつながっている

インド洋の海水温に要注意

夏にインド洋の熱帯域で海水温が高いと、インド洋全域で気圧が低めになる。海水温が高いと空気中に大量の水蒸気が生まれ、その水蒸気により積乱雲が大量に発生する。インド洋の海水温が高く、さらにたくさんの積乱雲が発生すると、低気圧の範囲が東へ広がるようになる。

フィリピン付近は高気圧に

インドネシア付近まで低気圧になりやすく、低気圧に向かって風が吹き込む。風が吹き込む場所はインドネシア付近で、逆に風が吹き出す場所は低気圧の北側のフィリピン付近になる。風が吹き出すフィリピン付近では高気圧になりやすく、積乱雲の発生が抑えられる。

● インド洋の海水温と日本の気象の関係

インド洋上の海水温が、インドネシア、フィリピンを経て日本の気象に影響を与えている。また、モンスーン降雨、ヒマラヤ上空、亜熱帯ジェット気流を経由しても日本に影響を与える。

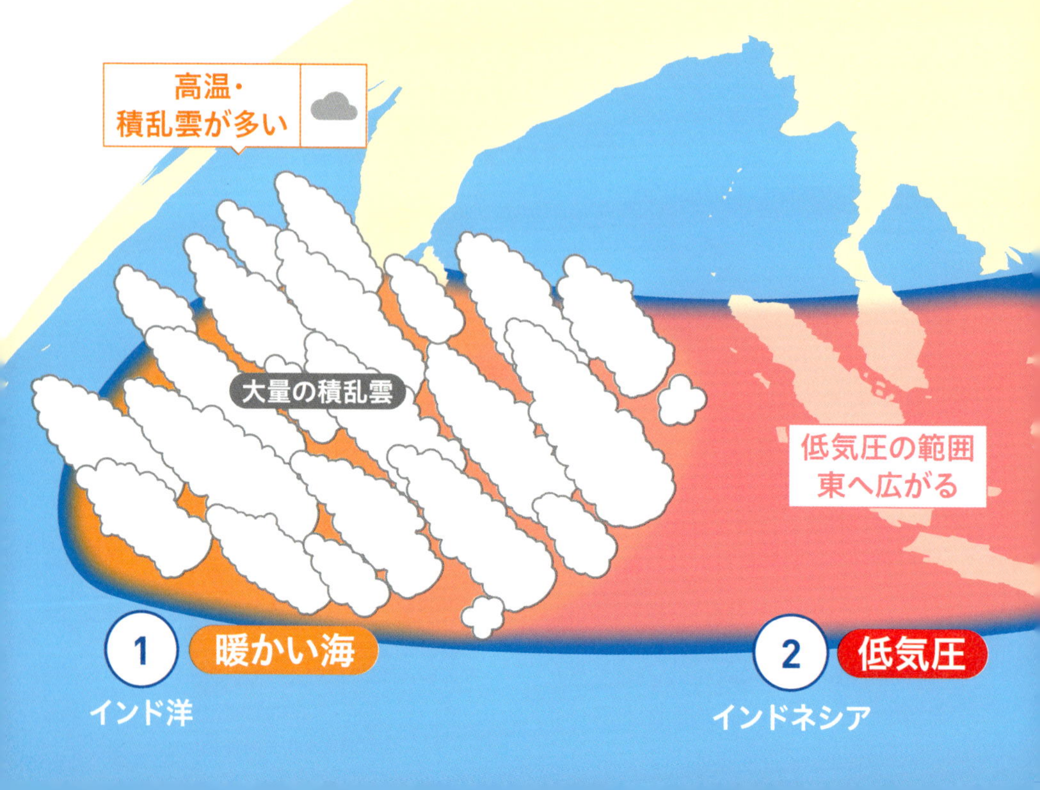

フィリピンと日本はシーソー関係

フィリピン付近と日本付近の気圧は、ロスビー波と呼ばれる波（⇒P066）でつながり、シーソーのような関係にある。フィリピン付近で気圧が低ければ、日本付近で高気圧が強まり、フィリピン付近で気圧が高くなれば、日本付近の気圧は下がり、夏の高気圧が弱まるのである。この場合、フィリピン付近で高気圧が強まるため、日本付近で高気圧が弱まる。高気圧が弱まると安定した晴天が続かないため、冷夏になりやすいのである。

● フィリピンと日本は
ロスビー波でシーソー関係

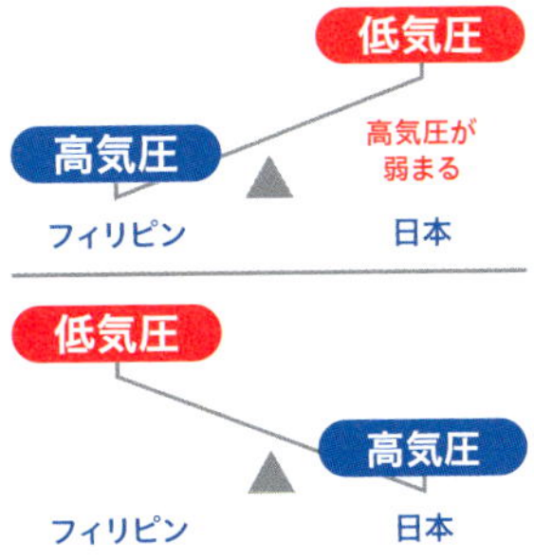

夏、フィリピン付近が高気圧だと日本は気圧が下がり冷夏に。逆にフィリピン付近が低気圧なら日本は暑い夏になる。

エルニーニョでインド洋高温

インド洋と太平洋の温度分布は逆

●インド洋と太平洋の関係

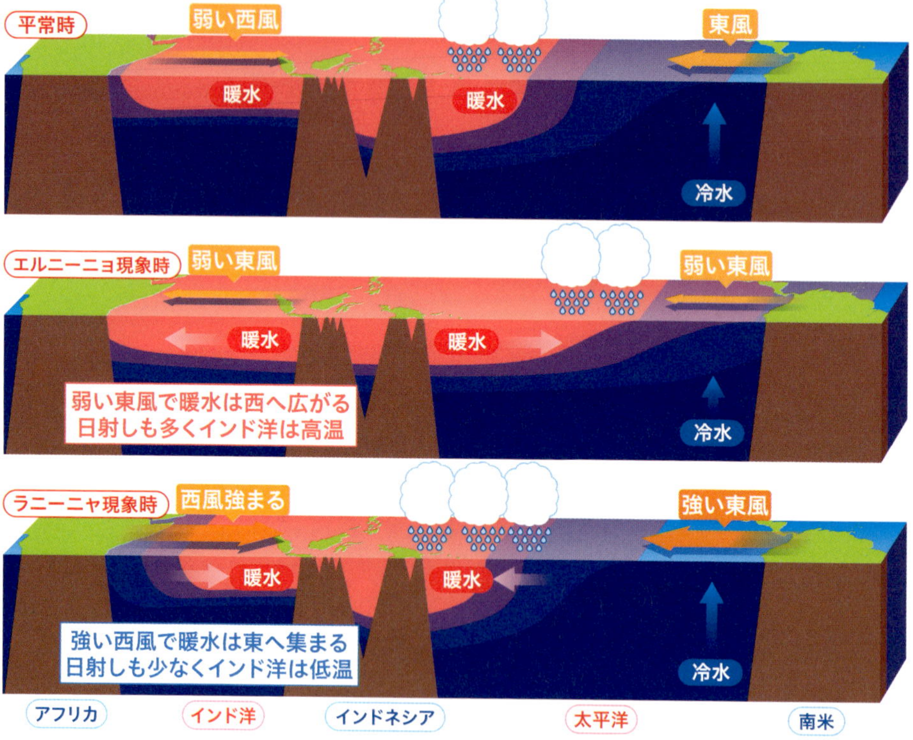

エルニーニョ時は、インド洋の風向きが変わり弱い東風が吹く。暖水は西へ広がり、日射しも多くなるので、インド洋の海水温は高くなる。ラニーニャ時は、インド洋では西風が強まる。暖水は東側に集まり、日射しも少なくなるので、インド洋の海水温は低くなる。

インド洋の温度は東高西低

インド洋の赤道付近は季節によって風向きが変わるが、平均すると弱い西風が吹いている。この西風などによって暖かな海水は東側へ吹き寄せられるため、平常時のインド洋の海水温は東側のインドネシア沖で高く、西側のアフリカ沖で低い、つまり東高西低である。太平洋の赤道域では東風が吹き、暖かな海水が西側へ吹き寄せられるため西高東低となり、インド洋とは逆になる。

エルニーニョ後にインド洋高温

太平洋でエルニーニョが発生すると、インド洋の風向きが変わり弱い東風になる。この東風により東側にたまっていた暖かな海水が西へ広がるようになり、さらに日差しも多くなるため、海水温が高くなるのである。しかしエルニーニョが発生してすぐにインド洋が反応す

● インド洋熱帯域が高温時の6〜8月の天候の特徴

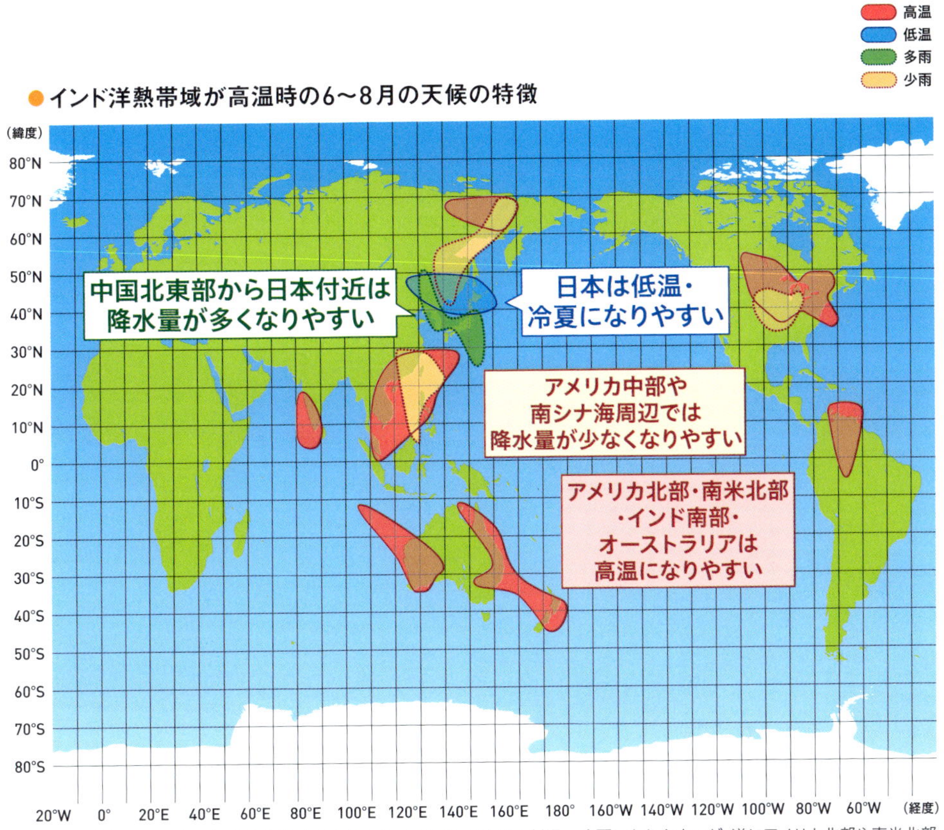

北半球が夏の6〜8月にインド洋熱帯域が高温になった時は、日本では低温・冷夏になりやすいが、逆にアメリカ北部や南米北部、インド南部、オーストラリアなどでは高温になりやすい。降水量は、中国北東部から日本付近は多くなり、逆にアメリカ中部や南シナ海周辺などでは少なくなる傾向がある。

るのではなく、エルニーニョ発生後、約3カ月後にインド洋が高くなり始め、エルニーニョが終息してからも約3カ月間高い状態が続く。

ラニーニャ後にインド洋低温

太平洋でラニーニャが発生すると西風が強まり、日差しも少なくなるため、インド洋の海水温が下がりやすい。エルニーニョと同じように、ラニーニャが発生してすぐにインド洋が反応するのではなく、ラニーニャ発生後、約3カ月後にインド洋の海水温が下がり始め、ラニーニャ終息後も約3カ月間、海水温の低い状態が続くのである。　太平洋とインド洋の海水温にはつながりがあり、約3カ月間のずれがあると言える。

インド洋が高温になると、世界各地に影響を与える。日本では冷夏になりやすいが、アメリカ北部などは猛暑になりやすい。

地球温暖化―❶

世界規模の影響

世界の気温は100年で0.7℃上昇

● **世界の年平均気温偏差** (1891～2012年)

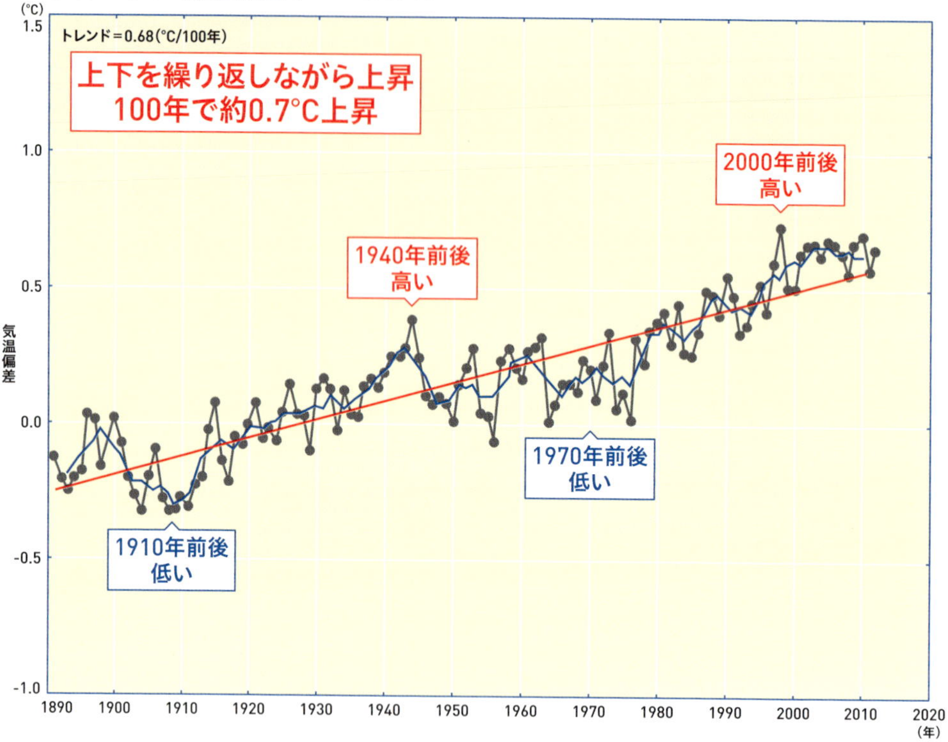

黒線：各年の平均気温の基準値からの偏差、青線：偏差の5年移動平均、赤線：長期的な変化傾向。基準値は1981～2010年の30年平均値。

地球の温暖化の影響

地球の温暖化によって、極端な高温や大雨の頻度が増加する可能性が高いと予測されている。予測の前に、まずはこれまでに世界で起きてきたことを見ていこう。

年平均気温の上昇

世界の年平均気温は、さまざまな変動を繰り返しながら上昇し、上昇率は100年あたり0.68℃である。詳しく見ると、1940年前後と2000年前後には高い時期があり、1910年前後と1970年前後には低い時期があった。

上昇率は北半球と南半球で違い、北半球で0.71℃、南半球で0.66℃と、北半球の方が大きい。

世界の海面は100年で17cm上昇

水温上昇に伴う海水の膨張や、氷河が解

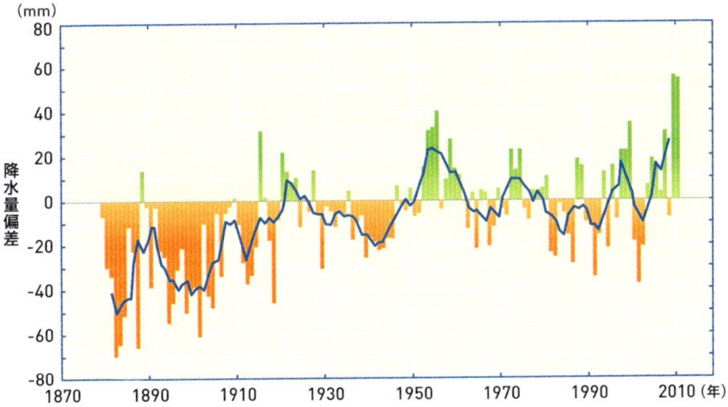

● 世界の年降水量偏差

棒グラフ：各地点での年降水量の基準値からの偏差を領域平均した値、太線（青）：偏差の5年移動平均。基準値は1981～2010年の30年平均値。

● 年降水量の100年あたりの変化率

データ期間は1901～2005年。基準となる期間は1961～1990年。灰色は信頼できる長期変化を算出する観測データが不十分な地域。+は5%の危険率で有意なトレンド。

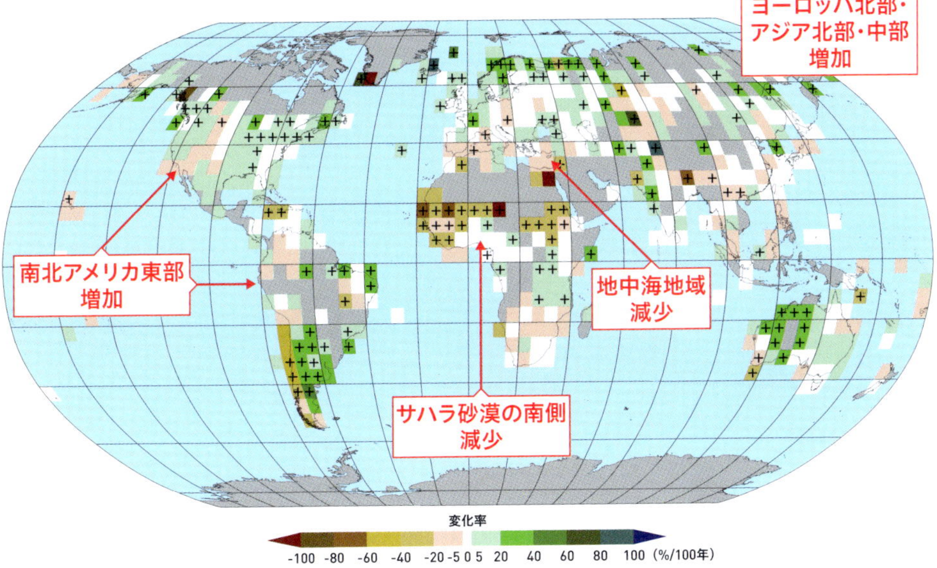

けて海に流れ込むことなどによって、世界平均の海面水位は上昇している。世界平均の海面水位は、20世紀の間に約17cm上昇したと考えられている。

世界の降水量

1880年以降の世界の年降水量を見てみると、年による差が大きく、多い少ないの変動が大きいが、気温のような長期的な傾向は表れていない。

地域別の変化を見てみると、過去100年ほどの年降水量の変化は、多くなった地域と少なくなった地域に分かれることが特徴的である。

サハラ砂漠の南側や地中海地域の降水量は減少傾向にある。一方、南北アメリカの東部、ヨーロッパ北部、アジア北部と中部では、増加傾向にあることを示している。

これまでの日本への影響

日本の気温は100年で1.2℃上昇

●日本の年平均気温偏差

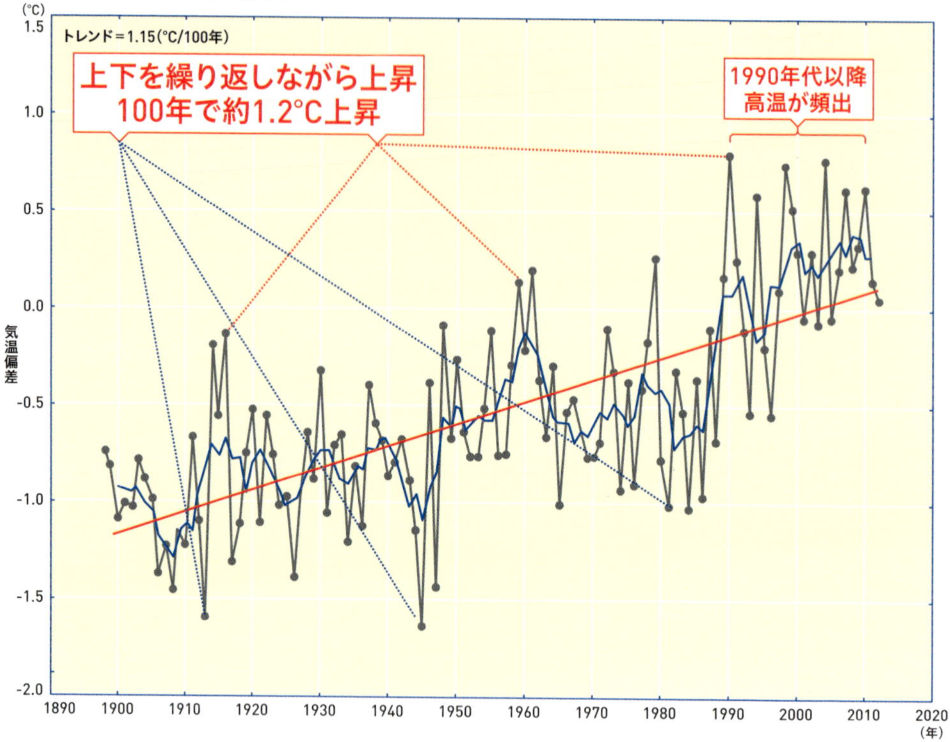

黒線：各年の平均気温の基準値からの偏差、青線：偏差の5年移動平均、赤線：長期的な変化傾向。基準値は1981～2010年の30年平均値。

年平均気温の変化

日本の年平均気温は、年による変動はあるが、長期的には100年あたり約1.15°Cの割合で上昇しており、特に1990年代以降、高温となる年が頻出している。

都市のヒートアイランド現象

日本の平均気温が100年あたり約1°Cの割合で上昇している中で、東京は100年で約3°C上昇し、その他の大都市でも2°C以上の上昇が見られる。この日本の平均と大都市との差はヒートアイランド現象と考えられる。ヒートアイランド現象とは、都市化の影響で都市の気温が郊外より高くなる現象である。ヒートアイランド現象と考えられる気温上昇は、東京で約2°C、その他の大都市は1°C以上で、地球温暖化の影響と考えられる約1°Cより大きくなっている。

● 日本の年降水量偏差

1981～2010年平均からの差を年ごとに見ると、長期的な傾向は見られないが、1900～1920年代半ばと1950年代頃に多く、多雨期であったことがわかる。一方、1930年代頃と1970年代から1990年代には雨の少ない時期があった。

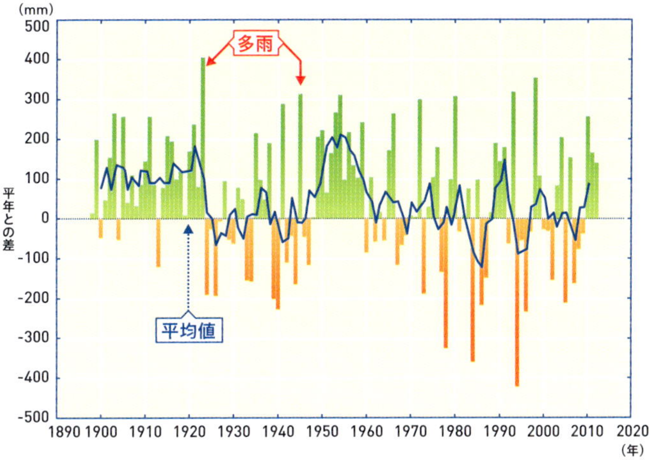

● 1時間に80mm以上の年間観測回数（アメダス）

1時間に80mm以上（猛烈な雨）は、年による変動はあるが、次第に増加していることがわかる。1,000地点あたりで10年で約2回の増加が見られる。アメダスの観測期間は比較的短いため、増加傾向を確実にするには、今後のデータを注視していく必要がある。

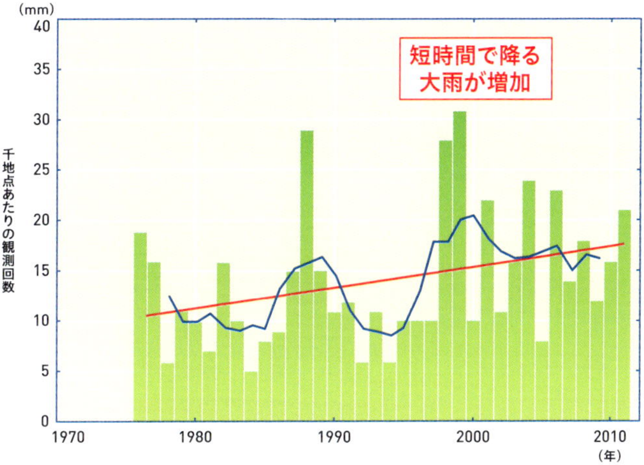

日本の降水量

日本の年降水量の変化を見ると、世界と同じように年による変動が大きいが、それに関する長期的な傾向は見られない。

その中でも1920年代半ばまでと1950年代頃の多雨期が特徴的である。

大雨が増加

年降水量に関しては長期的な傾向が見られないが、日降水量100mm以上、200mm以上の日数は1901～2011年の111年間で増加傾向が明瞭に表れている。一度に降る雨の量が増え、大雨の頻度が高くなったのは、地球温暖化が影響している可能性がある。また期間は短いが、1976～2011年のアメダスによる1時間の雨量が、50mm以上（非常に激しい雨）と80mm以上（猛烈な雨）も、増加傾向が表れている。

気温の予測

世界の平均気温 21世紀末までに1.1〜6.4℃上昇

●地上気温の予測

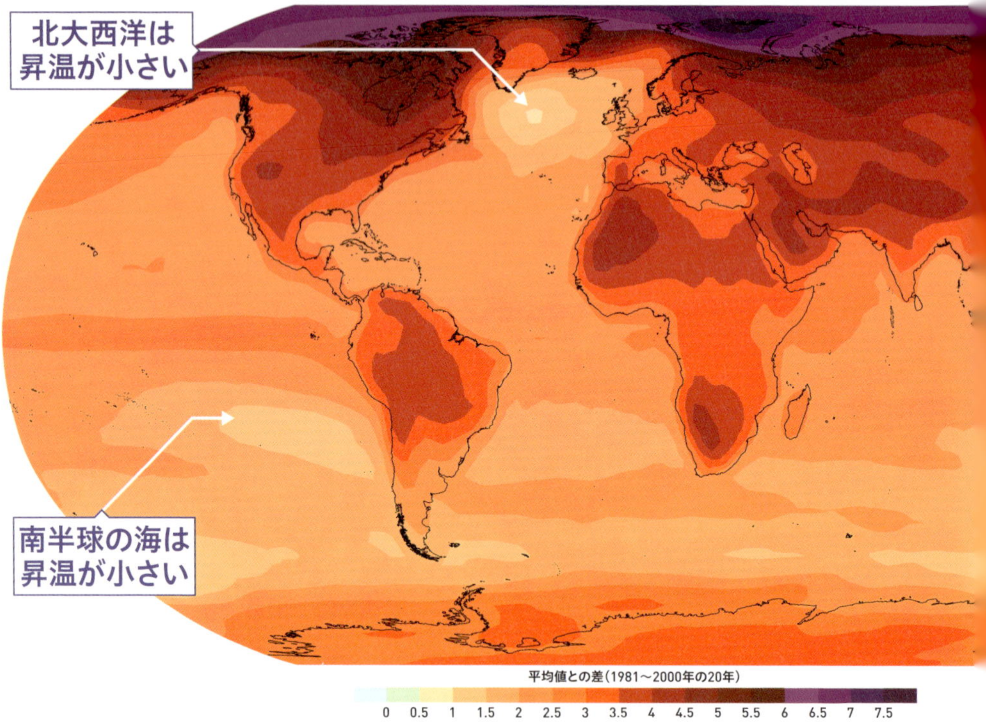

20世紀末（1980〜1999年）から21世紀末（2090〜2099年）までの地上気温の変化の予測。（すべてのエネルギー源のバランスを重視しつつ、高い経済成長を想定した複数のモデルの平均値）

世界の気温予測

地球温暖化によってどのような気候変化が起こるのだろうか？　世界中の研究機関が、それぞれ開発した気候モデルを使って、コンピュータによる将来の予測を行っている。予測結果は、それぞれの気候モデルの特性や、社会変化を想定した温室効果ガスの排出量の見通しによって少しずつ異なる。

2007年の気候変動に関する政府間パネル（IPCC）第4次評価報告書によると、21世紀末までに世界の地上気温は1.1℃〜6.4℃上昇する可能性が高い。

北ほど気温上昇が大

予測された気温上昇量の地理的分布を見ると、昇温が大きい地域と小さい地域に分かれる。大きく見ると、北へ行くほど昇温が大きくなっている。

● 100年後の年平均気温

2081～2100年の20年平均値と1981～2000年の20年平均値の差（経済の地域ブロック化と高い人口増加を想定）。

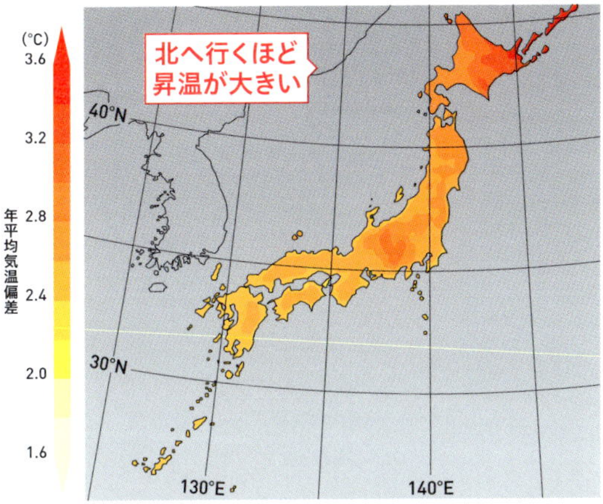

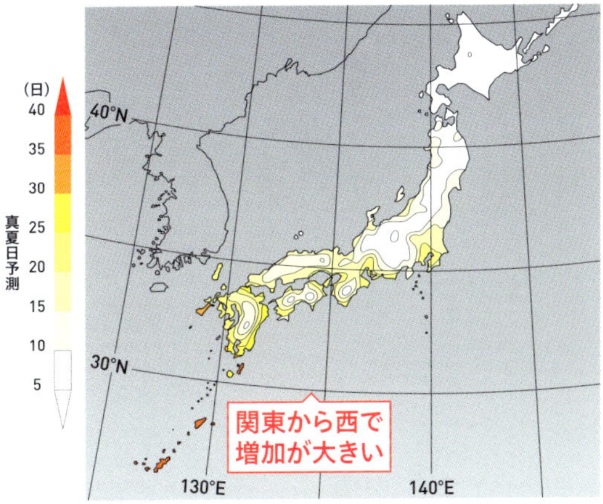

● 100年後の真夏日予測

2081～2100年の20年平均値と1981～2000年の20年平均値の差（経済の地域ブロック化と高い人口増加を想定）。

陸地は地球全体の平均昇温量の2倍程度あり、北半球の高緯度が最も昇温が大きくなっている。一方、南半球の海と北大西洋で昇温が小さくなっている。

日本の気温予測

約100年後の日本の平均気温は、世界の平均より昇温が大きく予測されている。地域別に見ると、世界と同じように北ほど昇温が大きい。

夏季に比べて冬季の昇温が大きく予測されている。冬は冬日（最低気温0°C未満）が減り、本州の内陸や東北、北海道で減少が大きく、北海道の太平洋側とオホーツク海側で最も減少が大きい。

夏は真夏日（最高気温30°C以上）が増える。北海道の増加は小さいが、特に関東から九州・沖縄にかけて増加が大きい。

地球温暖化―4

降水量の予測

世界では多くなる地域と少なくなる地域に分かれる

●21世紀末の降水量変化予測

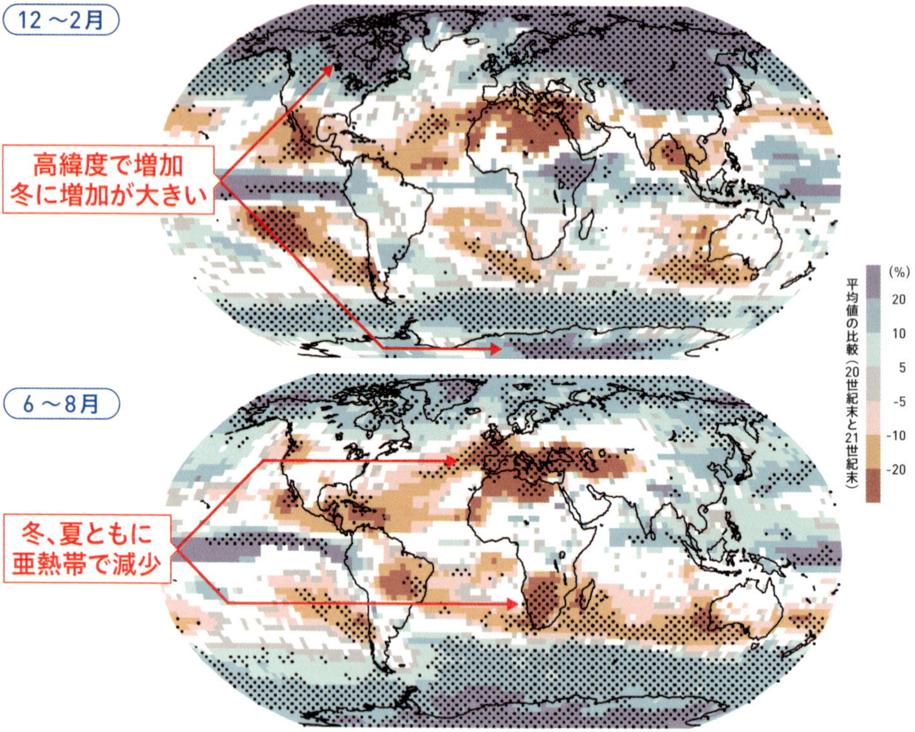

1980～1999年の平均降水量に対する2090～2099年の平均降水量の変化の割合。（すべてのエネルギー源のバランスを重視しつつ高い経済成長を想定）白は変化の符号が一致したモデルが66%未満。

21世紀末の予測降水量

気温は地球上のほぼすべての地域で上昇するが、降水量は増加する地域と減少する地域に分かれる。IPCC第4次評価報告書によると、20世紀末に対する21世紀末の降水量は、特に高緯度地域で増加する可能性が非常に高く、ほとんどの亜熱帯陸域においては減少する可能性が高いと予測している。増加の割合は季節によって異なり、高緯度地域の増加は、特に冬に大きくなっている。

日本は降水量約5%増加

日本の年降水量の予測は、21世紀末は20世紀末と比べて平均的に5%程度増加する傾向を示している。

しかし、予測の不確実性と、年による変動が大きいことに注意をはらいながら考えていくことが必要である。

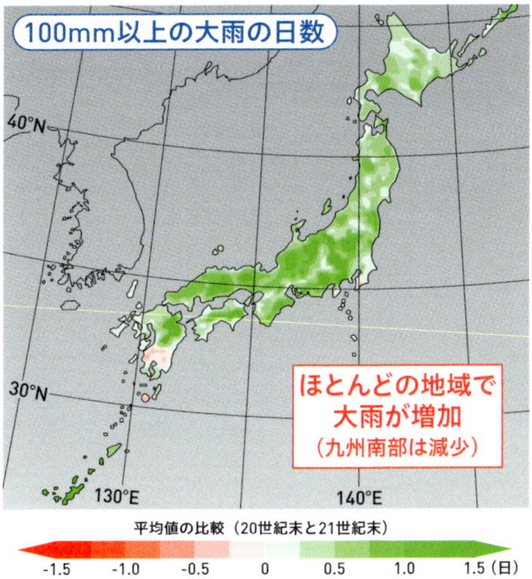

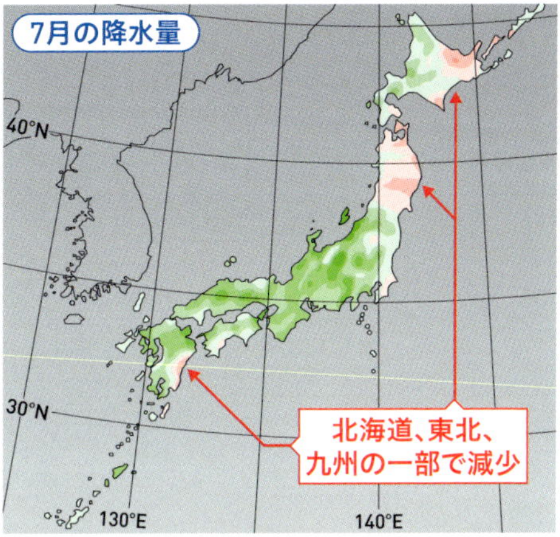

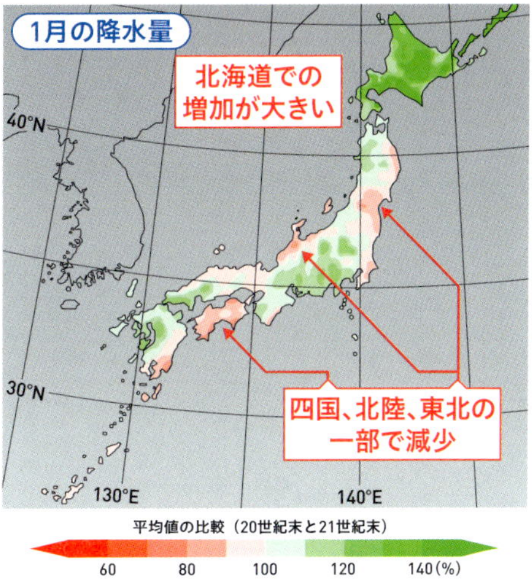

● **日本の降水量予測**

1981～2000年の20年平均値に対する2081～2100年の20年平均値の比較。(経済の地域ブロック化と高い人口増加を想定)

日本は大雨が増加

年降水量が増加するとともに、日降水量が100mm以上の大雨の日数も、ほとんどの地域で増加する。しかし現在、大雨の多い九州南部では大雨の日数が減少すると予測されている。

また、季節によって多くなる地域、少なくなる地域が異なる。基本的には多くの地域で増加すると予測され、1月は特に北海道で増加が大きい。しかし、1月には四国・北陸・東北の一部、7月には北海道・東北・九州の一部で減少する地域がある。夏季の降水量や大雨の日数の増加は、気温の上昇に伴う水蒸気量の増加が要因と考えられている。気候変動予測モデルの予測では、温暖化は梅雨にも影響を与え、梅雨前線の北上が弱まって日本付近に停滞しやすくなり、梅雨明けが遅れる傾向がある。

台風と雪の予測

強い台風が増加、北海道は積雪増加

●温暖化による熱帯低気圧（台風を含む）の出現予測

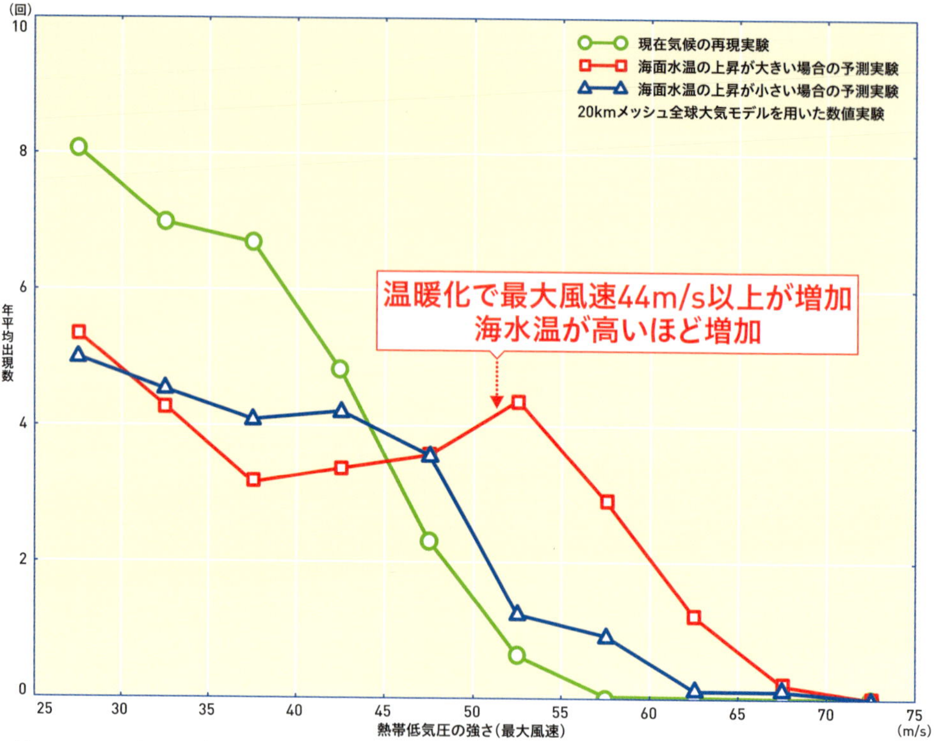

（すべてのエネルギー源のバランスを重視しつつ高い経済成長を想定）海面水温が1979～1998年の平均から2080～2099年の平均まで上昇した場合の予測。

これまでの台風は傾向なし

地球温暖化に伴う台風活動の変化については世界中で研究が行われている。1950年以降台風の発生・接近・上陸数は、長期的な増減などの傾向は見られない。

発生した台風の中で「強い」勢力以上の台風の数と割合を見ると、1年間に10～20個くらい発生し、割合は40～60%くらいで、こちらも長期的な傾向は見られない。

温暖化で台風が強力に

地球温暖化に伴う台風の変化については世界で活発な研究が行われているところであるが、現在の研究結果では、地球温暖化が進むと、熱帯低気圧の総数は減るが、全球的に「非常に強い（最大風速44m/s 以上）」熱帯低気圧（台風を含む）の数が増えると予測されている。この傾向は海面水温が高いほどより顕著に現れている。勢力が強くなるとともに熱

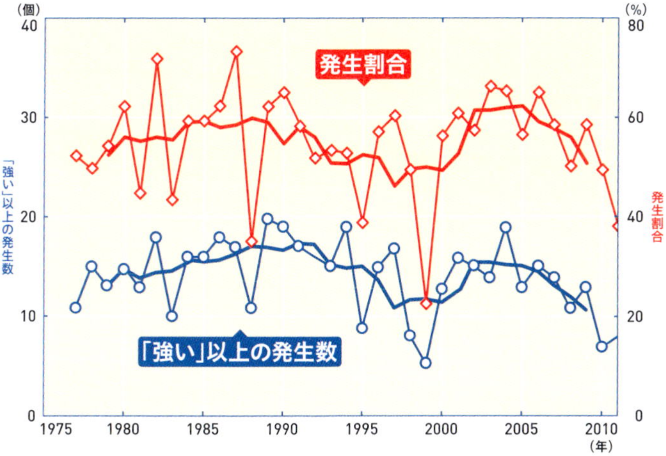

● これまでの強い台風の数と割合

「強い」以上の勢力となった台風の発生数と全発生数に対する割合。太い実線は5年移動平均。

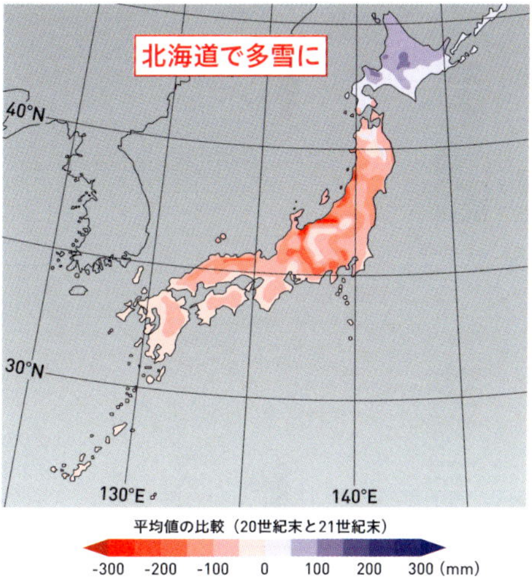

● 温暖化による降雪量予測

総降雪量（12〜3月）の2081〜2100年の予測平均と1981〜2000年の平均の差。（降水量に換算した値mm、すべてのエネルギー源のバランスを重視しつつ高い経済成長を想定）

帯低気圧に伴う雨も強くなる傾向が示されている。

また最近の高解像度の気候モデルを用いた台風シミュレーションでは、温暖化が進んだ21世紀末頃には、これまでにないような強さの台風が出現すると予測されている。

温暖化で北海道は多雪に

地球温暖化に伴う雪の予想も、活発な研究が行われている。想定によっても変わるが、九州から東北にかけては減少すると予測されている。これは温暖化によって雪ではなく雨として降る場合が増えると考えられる。

しかし北海道は逆に降雪量が増えると予測されている。北海道は温暖化しても雪が降るのに十分に寒冷なため、温暖化による大気中の水蒸気量の増加によって降雪量が増加すると考えられている。

Column

地球温暖化で世界はどうなる?

● 世界平均気温の変化に伴う影響の事例

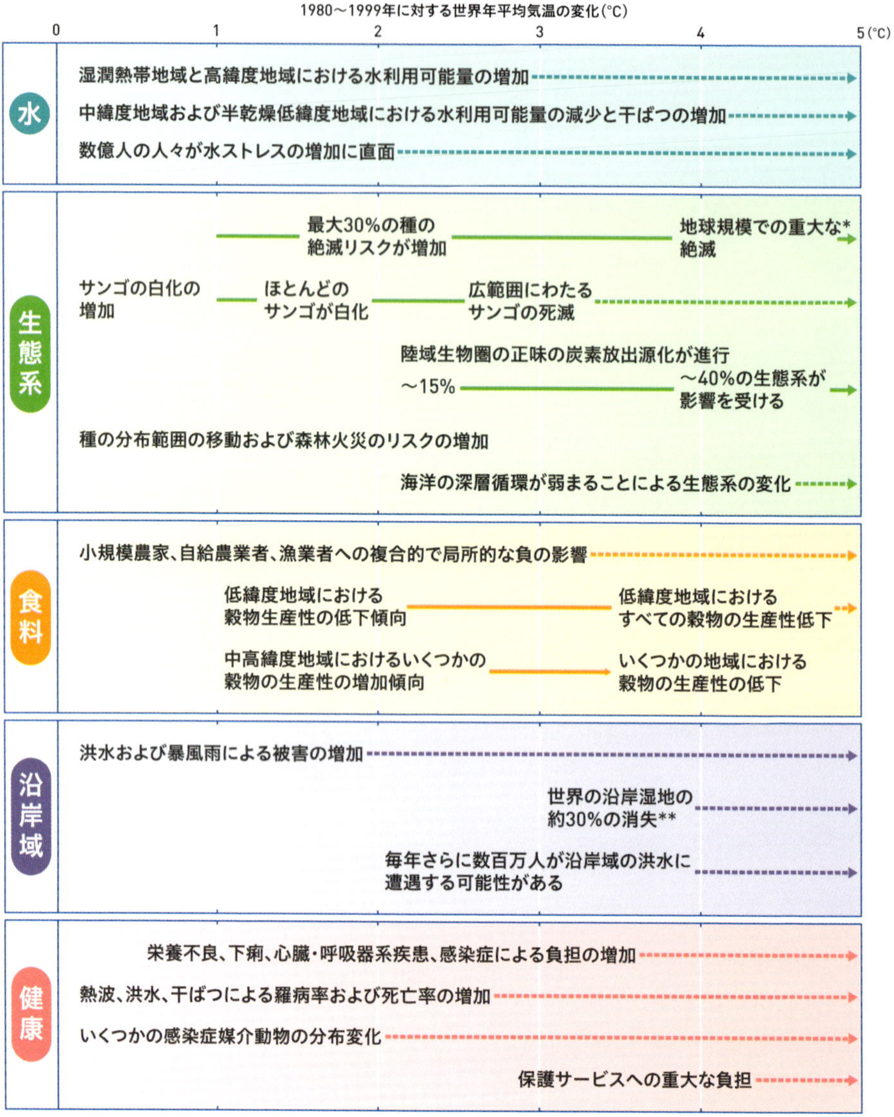

実線は影響間のつながりを表し、点線の矢印は気温の上昇に伴い継続する影響を示す。
文章の左端がその影響が出始めるおおよその気温上昇のレベル。
*「重大な」はここでは40%以上と定義する。**2000〜2080年の海面水位平均上昇率4.2mm/年に基づく。

第3章

気象のきほん
異常気象がさらにわかる

まず、異常気象のカギとなる3項目を抽出して解き明かし、
さらにそれらの基となる気象のきほん
15項目を細かく説明していきます。

異常気象を解くカギ―❶

ジェット気流

寒帯・温帯・熱帯の境目を進む

● 2つのジェット気流

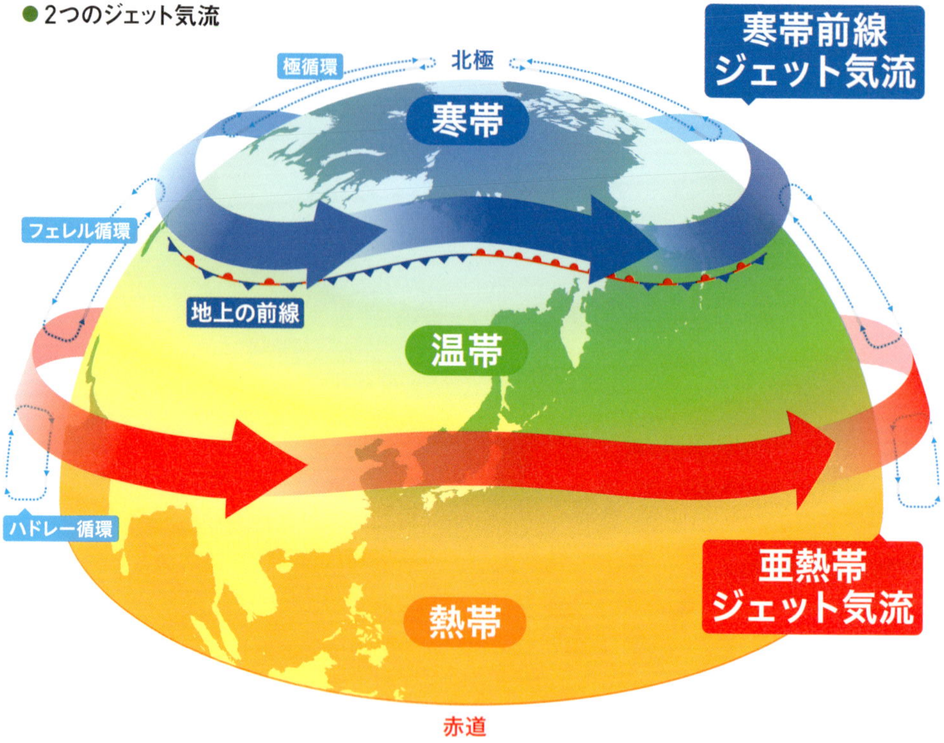

偏西風の中で、狭い範囲に集中して吹く帯状の非常に強い風がジェット気流。ジェット気流には亜熱帯ジェット気流と寒帯前線ジェット気流の2つがあり、2つのジェット気流の間には中間系ジェットと呼ばれる3本目のジェット気流が見られることもある。風速は時速100〜400kmくらいで、新幹線並みの速さになることもある。寒帯前線ジェット気流の南側の地上に前線ができることが多い。

異常気象を解くカギは3つ

異常気象を解くカギは、ジェット気流、巨大積乱雲、不安定の3つである。この3つが理解できるようになると異常気象がぐっと身近にわかるようになる。

そのひとつジェット気流は、偏西風の一部で、上空10kmくらいの狭い範囲に集中して吹く帯状の非常に強い風。偏西風は地球規模で西から東へ吹く風で、北極・南極域の地上付近と赤道付近のほかでは吹いている。ジェット気流（偏西風）が大きく蛇行すると、異常気象をもたらすようになる。

亜熱帯ジェット気流

亜熱帯ジェット気流は上空約12km付近に流れ、北半球では日本付近が最も強い。亜熱帯ジェット気流が生まれるしくみは、スケートのスピンと同じような原理である。スピンは、

● 夏は北へ冬は南へ

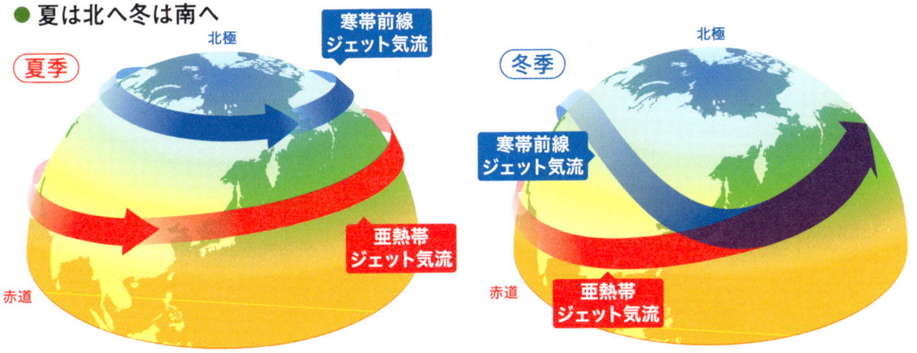

寒帯前線ジェット気流は日々の変動が大きいのが特徴で、亜熱帯ジェット気流は夏は弱まり北緯45°付近まで北上し、冬は強まり北緯30°付近まで下がる特徴がある。冬の日本付近では2つのジェット気流がひとつにまとまり、非常に強いジェット気流になることがある。ジェット気流が大きく蛇行した際は、猛暑、豪雪などの異常気象をもたらしやすい。

● 亜熱帯ジェット気流

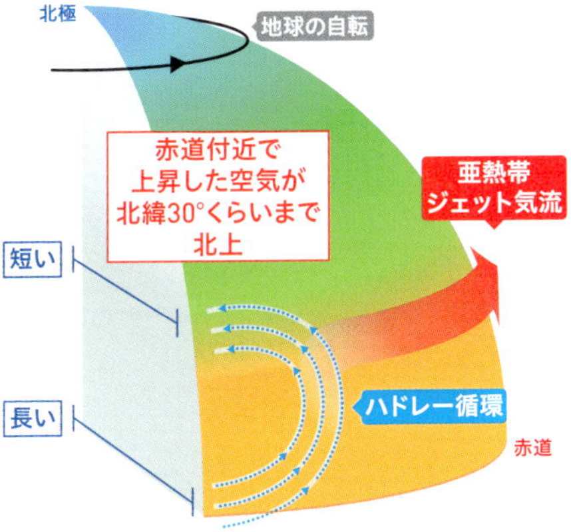

熱帯から北へ運ばれた空気が、角運動量保存側によって東へ向かう風が強まり、亜熱帯ジェット気流が生まれる。

● 寒帯前線ジェット気流

南北の気温差が大きい所では、上空では気圧差が大きくなるため、強い風が吹き、寒帯前線ジェット気流が生まれる。

伸ばしていた手と足を体に近づけると回転数が上がる。これは角運動量保存側で、回転していたものの半径が短くなると回転数が上がるのだ。赤道付近では上昇した空気はハドレー循環（低緯度で循環する大気の流れ）により北へ運ばれる。北へ行くほど地軸からの半径が短くなるため、北へ運ばれた空気は回転数が増し東へ向かう風が強まり、亜熱帯ジェット気流が生まれるのである。

寒帯前線ジェット気流

寒帯前線ジェット気流は、南北の気温差が大きい上空約9km付近で吹いている。等圧面を考えると、気温の高い南の方が空気が膨張するため、南の等圧面が高くなる。高度が上がるほど等圧面の傾きが大きく気圧の差が大きくなるので、風が強まる。コリオリの力（⇒P096）によって右向きの力が加わって、東向きの強い風、寒帯前線ジェット気流が生まれる。

異常気象を解くカギ―❷

巨大積乱雲

スーパーセル（巨大なひとつの積乱雲）は激しい雨や竜巻を引き起こす

● スーパーセル発生のしくみ

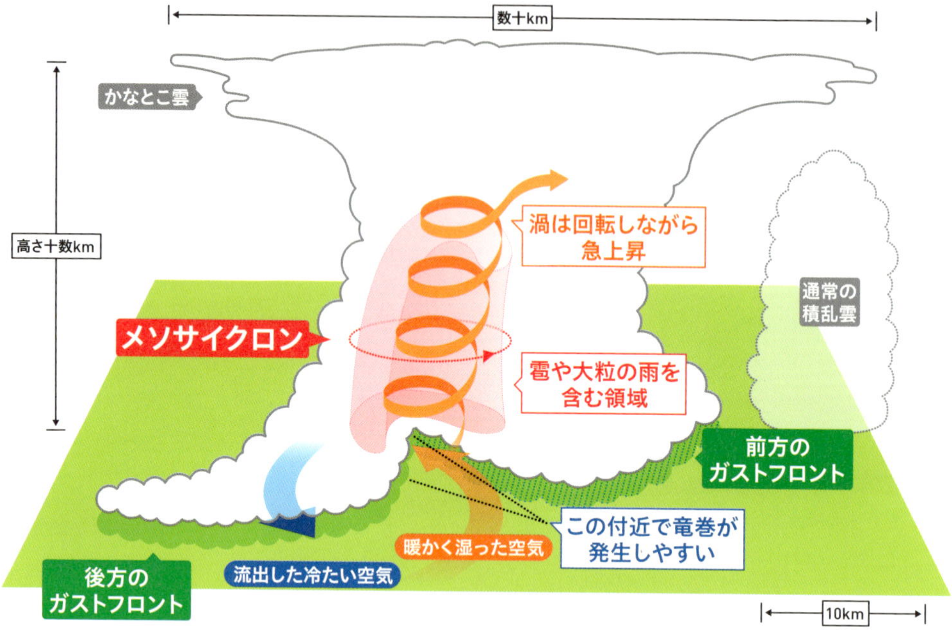

スーパーセルの3大ポイント ①巨大（水平スケール数十km） ②寿命が長い（数時間） ③雲が回転（メソサイクロン） この3つの条件がそろって、強烈なスーパーセルが発生する。

スーパーセル

異常気象を解くカギ2つ目は巨大積乱雲（スーパーセル）である。スーパーセルとは巨大なひとつの積乱雲である。水平スケールは数十kmもあり、通常の積乱雲が10kmくらいなので数個並ぶほどの大きさである。上昇流域と下降流域が分かれているために長く続き、数時間の寿命がある。またスーパーセルの上昇流域には、反時計回りの空気の回転（直径数km）があり、これをメソサイクロンと呼ぶ。スーパーセルは、激しい雨や雹、竜巻などの激しい現象をもたらすことがある。強い竜巻はスーパーセルの下で発生することが多い。

スーパーセルの発生要因

スーパーセルが発生するのは、大気の状態が非常に不安定な時で、積乱雲が発生しやすい状態の時である。次に大気の下層に

● 強烈なスーパーセル

スーパーセルは巨大なひとつの積乱雲で、スーパーセルの下では、激しい気象現象が起きやすく、とても危険な雲である。アメリカ合衆国中西部・ネブラスカ州で。

● メソサイクロンの発生

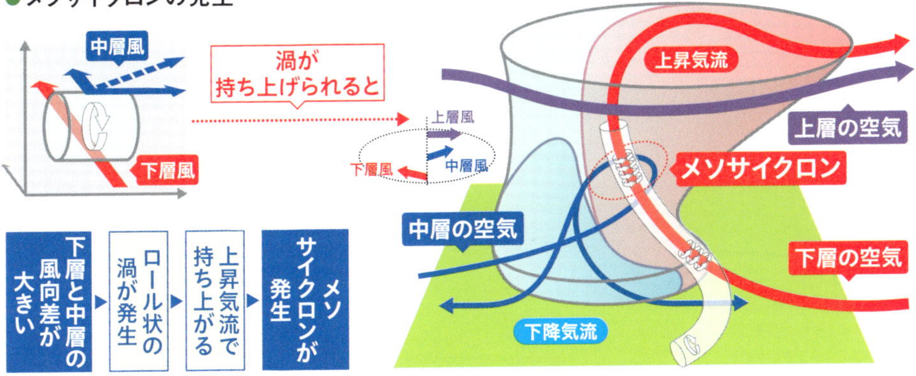

下層風と中層風の風向差が大きいとロール状の渦が発生する。上昇気流によってロール状の渦が持ち上がると、渦の向きが変わり、メソサイクロンが発生する。

大量の水蒸気が流れ込むことも大切な要素。巨大な積乱雲のため、雲を作るために大量の水蒸気が必要である。もうひとつ、上空の風向きの差。下層、中層、上層と風向きに違いがあることも要件となる。上空に風向きの差があると、積乱雲の上昇流域と下降流域が分けられるようになり、積乱雲の寿命が長く発達しやすくなる。また、この風向の差がメソサイクロンを発生させる。

メソサイクロンの発生

下層と中層の風向の差が大きいと、ロール状の渦が発生する。積乱雲の上昇気流によってこのロール状の渦が持ち上がるようになると、渦の向きが変わり、メソサイクロンが発生する。上空の風向の差が大きいことが、積乱雲の寿命を長くし、さらにはメソサイクロンを発生させるため、スーパーセルの発生には重要な要素となっている。

不安定

不安定がゲリラ豪雨・竜巻などを引き起こす

● 不安定の構造

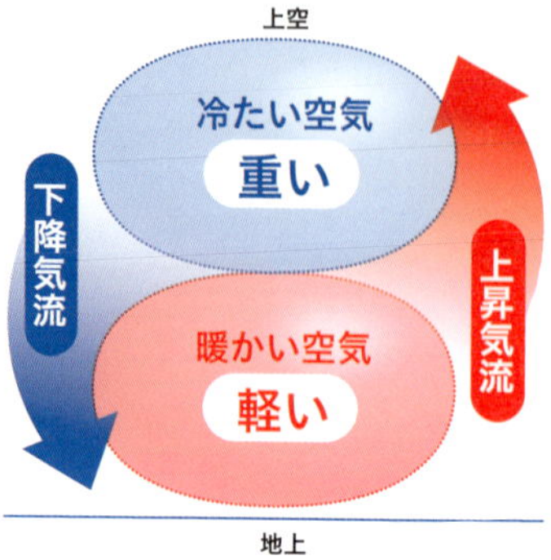

暖かい軽い空気の上に冷たい重い空気が乗っている状態が不安定。上下を入れ替えて安定するように対流が起こり、上昇気流が発生する。

● 乾燥と湿った空気の違い

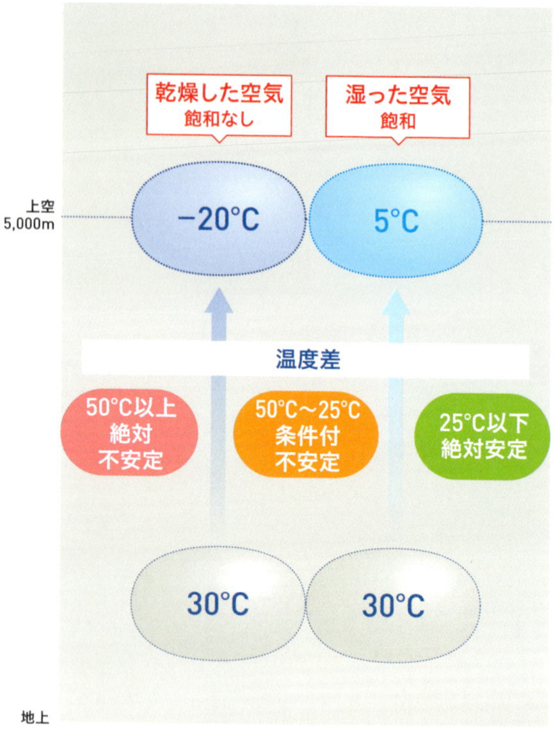

湿った空気は上昇すると凝結熱が発生して、乾燥した空気より気温が高くなるために上昇気流が起こりやすく、不安定になりやすい。

不安定とは?

異常気象の解くカギの3つ目は不安定である。不安定な状態からゲリラ豪雨・竜巻などが引き起こされることがある。

大気の状態が不安定とは、暖かく軽い空気の上に冷たい重い空気が乗っている状態である。上に重いものがあるのは不安定で、上下を入れ替えて安定になるように、重い寒気は下降し軽い暖気が上昇する対流が起きる。

湿った空気でより不安定に

湿った空気と乾燥した空気の違いを考える。地上で30°Cの空気を上空5,000mまで持ち上げてみる。飽和しない乾燥した空気は、1,000m上昇で約10°C下がるので、5,000mまで持ち上げると50°C下がって−20°Cになる。

一方、飽和した湿った空気は、水蒸気が凝結する時に熱を放出するので、気温の下が

● 不安定の目安は上空との気温差40°C以上

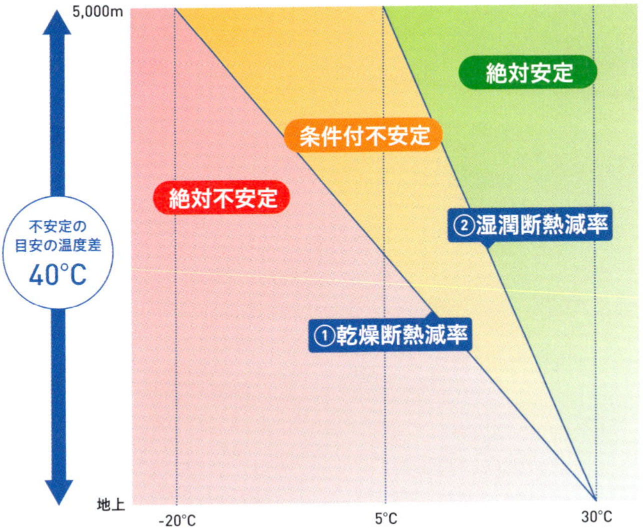

地上付近の空気を持ち上げると断熱膨張で気温が下がる。乾燥した空気の気温の低下は、乾燥断熱減率と呼び①の直線になる。飽和した湿った空気の気温の低下は湿潤断熱減率と呼び②の直線になる。実際の大気は気温も湿度もさまざまだが、ひとつの目安としては地上付近と上空5,000m付近の気温差が40°C以上になると、大気の状態が不安定と言える。

● つくば市の竜巻発生前日と当日の気象

	前日	当日
上空5,600mの気温	−17°C	−18°C
地上気温	26°C	26°C
地上と上空の気温差	43°C	44°C
高度500mの水蒸気量　大気1kgあたり	6g	→倍増 12g
地上の湿度	29%	61%

2012年5月6日、茨城で竜巻が発生した。発生時の大気の状態を見ると、地上付近と上空5,000m付近の気温の差は40°C以上で、不安定であることがわかる。さらに水蒸気の量が前日比2倍にもなり、大量の水蒸気が流れ込んで空気が湿り、さらに不安定であったことがわかる。

り方が小さい。1,000m上昇で約5°C下がり、5,000mまで持ち上げると25°C下がって5°Cになる。湿った空気は、乾燥した空気より気温が高く軽いため、上昇気流が起こりやすく、不安定になりやすい。

　次に5,000mの周りの気温を考える。5°C以上であれば乾燥した空気、湿った空気とも周りの気温より低く、下降気流になるので不安定の逆、つまり安定である。どんな空気でも安定なので、絶対安定と呼ばれる。

　次に周りの気温が−20°C以下を考える。乾燥した空気、湿った空気ともに周りより気温が高く、上昇気流になるので不安定である。どんな空気も不安定なので、絶対不安定と呼ばれる。一方、その間の周りの気温が−20°Cから5°Cは、条件付き不安定と呼び、空気の湿度によって安定か不安定かが決まるのである。

大気の大循環

地球を取り巻く大きな流れ

薄い大気が人々に大きな影響を与える

● 大気の大循環

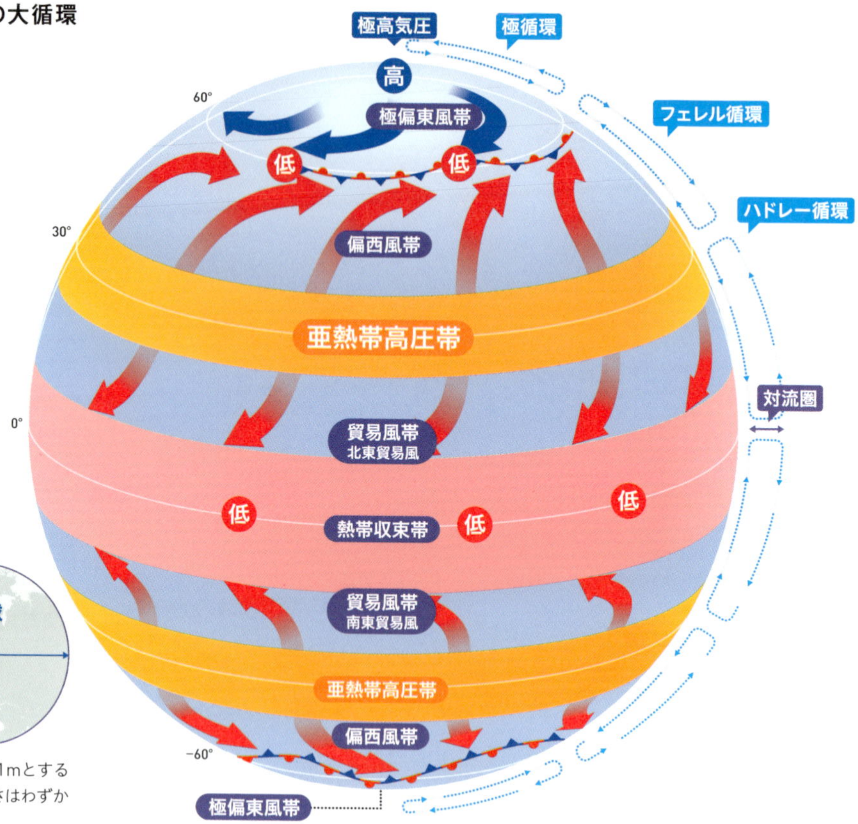

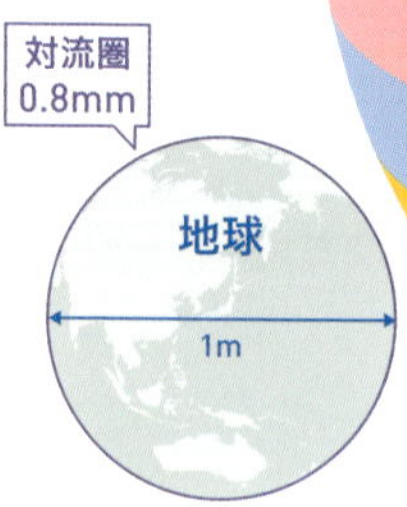

地球の直径を1mとすると対流圏の厚さはわずか0.8mm

対流圏の厚さはごくわずか

　普段生活をしていても大気の薄さを感じることはなく、雲も高い所にできていると感じられる。しかし地球の大きさから考えると、大気はとても薄い。直径が約12,700kmの地球を直径1mの地球と考えると、雲ができる対流圏の高さ約10kmはわずか0.8mmと、線の細さと同じくらいになる。このような薄い対流圏の中で雲が作られ、日々の天気が変化している。

大気の大循環

　北半球で見ると低緯度ではハドレー循環があり、北東貿易風が吹いている。中緯度ではフェレル循環があり、偏西風が吹いている。

　ハドレー循環とフェレル循環の間には、晴れやすい亜熱帯高圧帯が広がる。高緯度では極循環があり、東風が吹いている。

　南半球にも同様の循環と風が吹いているが、貿易風は南東からの風になる。

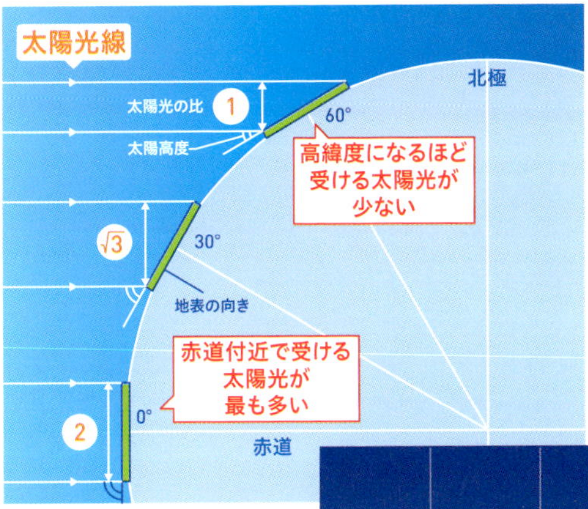

● 太陽光と緯度の関係

緯度が低くなるほど太陽光は強くなる。北緯60°の太陽光の強さを1とすると、北緯30°では$\sqrt{3}$=約1.7、赤道では2になる。逆に見ると太陽の強さは、北緯60°は赤道の半分ということになる。

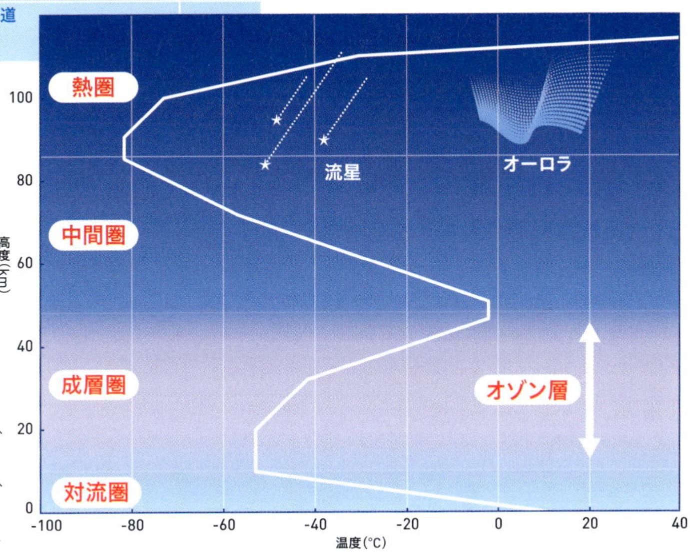

● 大気の層構造

大気は各層によって気温の上がり方、下がり方が異なる。高くなるほど気温が低くなるのは、対流圏と中間圏である。逆に高くなるほど気温が高くなるのは、成層圏と熱圏になる。

太陽光が大循環を生む

大気の大循環は太陽光の当たり方の違いによって生まれている。地球は丸いために、太陽光のエネルギーはまっすぐに受ける赤道が最も大きくなり、緯度が高くなるほど斜めから受けるようになるため小さくなる。この受けた太陽エネルギーの違いによって空気の温度差ができ、この温度差が大気の大循環を生んでいるのである。

上空ほど対流圏低く成層圏は高い

雲が発生する対流圏は約10kmで、高くなるにつれて気温が低くなる。その上約50kmまでが成層圏で高くなるにつれて気温が高くなる。これは成層圏にはオゾン層があってオゾンが太陽からの紫外線を吸収して大気を暖めるからである。成層圏の上は約80～90kmが中間圏で、高くなるにつれて気温が下がる。中間圏のさらに上は熱圏になる。

気圧

高気圧と低気圧

気圧と空気が動くしくみ

● 高気圧・低気圧の空気の動き

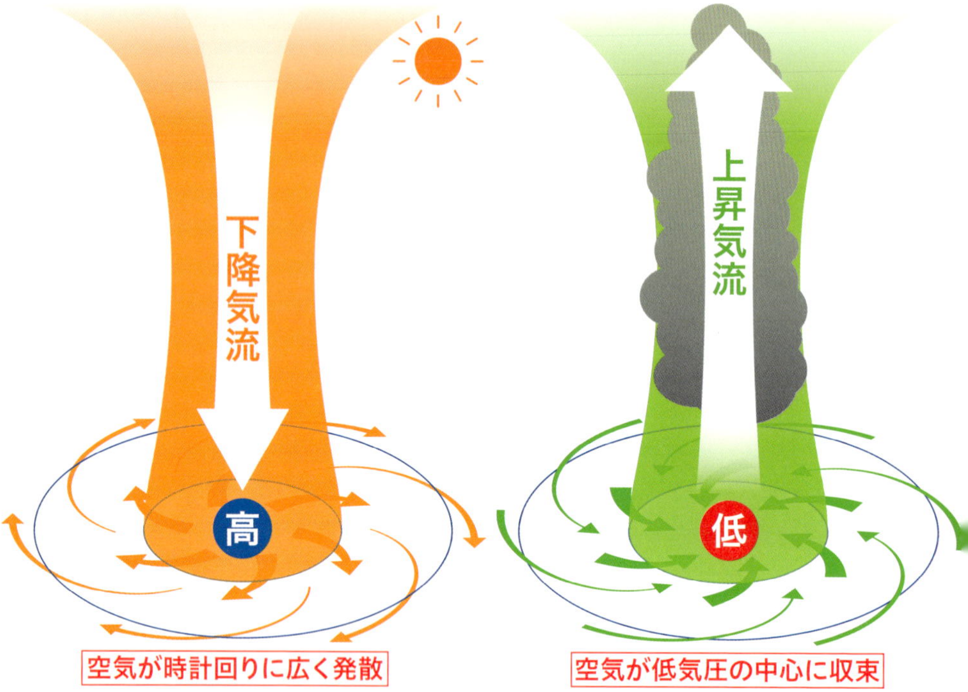

高気圧と低気圧では空気の動きが反対になる。高気圧は、北半球では時計回りに空気が吹き出し、下降気流が発生する。低気圧は、北半球では反時計回りに空気が集まり、上昇気流が発生する。

高気圧は時計回り・下降気流

周りより気圧の高い高気圧では、空気が高気圧から吹き出す。吹き出した空気を補うように上空から空気が流れ込み、下降気流が発生する。高気圧付近では下降気流により雲は消えて晴れることが多い。

コリオリの力（⇒P096）により、北半球では時計回りに吹き出すが、南半球では反対に反時計回りに吹き出す。

低気圧は反時計回り・上昇気流

周りより気圧の低い低気圧では、空気が気圧の高い方から低い方へ流れるため、周りから空気が集まる。集まった空気は地表があるため下には行けず上昇する。低気圧では上昇気流により雲が発生し雨が降りやすい。

コリオリの力により北半球では反時計回りに吹きこむが、南半球では反対に時計回りに吹き込む。

●富士山頂3,776mの気圧は地表の63%

日本一の山、富士山の高さは3,776mで、山頂の平年の気圧は638hPaと地表の63%（約3分の2）になる。気圧が低くなると沸点が下がるため、富士山頂では水が約88°Cで沸騰する。

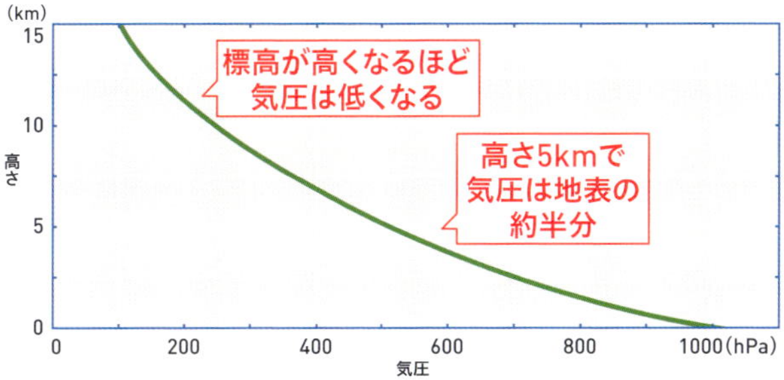

●気圧と高さの関係

標高が高くなるほど気圧は低くなる。地表では約1000hPaで、高さが5kmになると500hPaくらいで地上の約半分になる。高さが10kmでは地表の約4分の1、高さが15kmでは地表の約10分の1になる。

空気の重さ

空気は軽いけれども、重さがある、この空気、大気の重さが作り出す圧力が気圧である。空気は空高くあるので、軽い空気も積み重なると重くなり、地表付近では1cm四方で、1kgの重さにもなるのである。つまり人の頭には200～300kgの重さがかかっているという勘定になり、たとえて言うならば、ちょうどお相撲さんが頭にのっているようなものである。

高くなるほど気圧は低くなる

気圧の単位にはhPa（ヘクトパスカル）が使われ、標準的な地表の気圧である1013hPaを1気圧という。

標高が高くなるほど、上にある空気の量が少なくなるので、気圧は低くなる。

高さが5kmで500hPaくらいと、地表の約半分になり、高さが10kmでは250hPaくらいで、地表の約4分の1になる。

コリオリの力

地球の回転で右向きの力が加わる

● コリオリの力

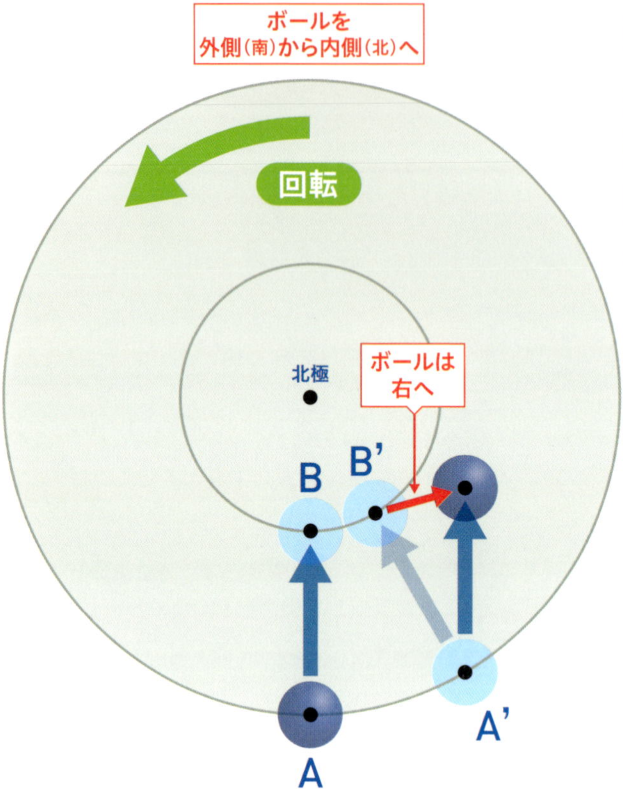

● 丸い地球

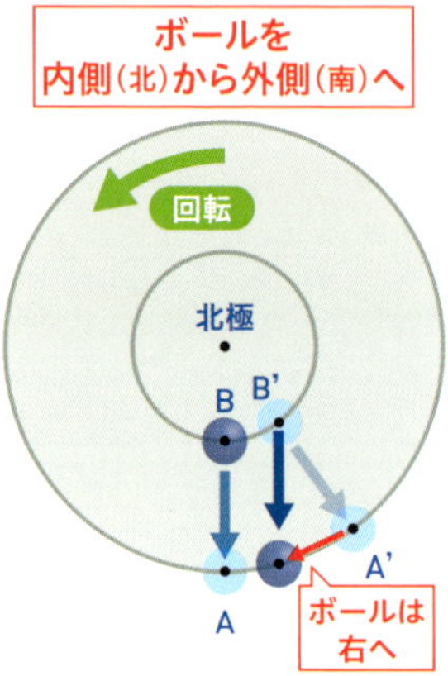

コリオリの力

地球は丸く、回転しているために風が右へ曲げられる。この力がコリオリの力である。

図のように地球を北極の上から見ると、反時計回りに回っている。ここで円盤を北半球として反時計回りに回し、外側のAから内側のBに向かってボールを投げてみる。時間が経過してAがA'に移動した時、円盤は回転しているためにボールはB'には行かずB'より右へそれていく。

次に回転している内側のBから外側のAに向かってボールを投げてみる。時間が経過してBがB'に移動した時には、ボールはA'には行かずA'より右へそれる。このように北半球では見かけ上、右へ曲がられる力が働くのだが、これがコリオリの力である。自転している地球上の空気の動き、つまり風にも進行方向右向きの力が見かけ上加わるのだ。

● 地衡風

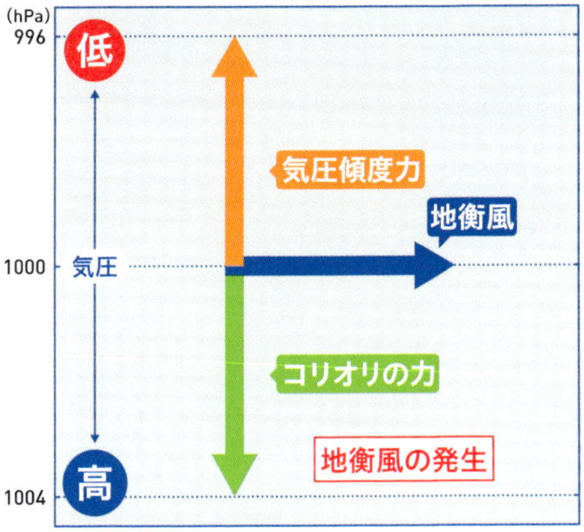

気圧傾度力は高気圧と低気圧の差によって生まれる力である。風はコリオリの力により進行方向右向きの力が加わる。摩擦がないと気圧傾度力とコリオリの力の2つの力が釣り合い、等圧線に平行な風が吹く。これが地衡風である。

● 海上・陸上の風

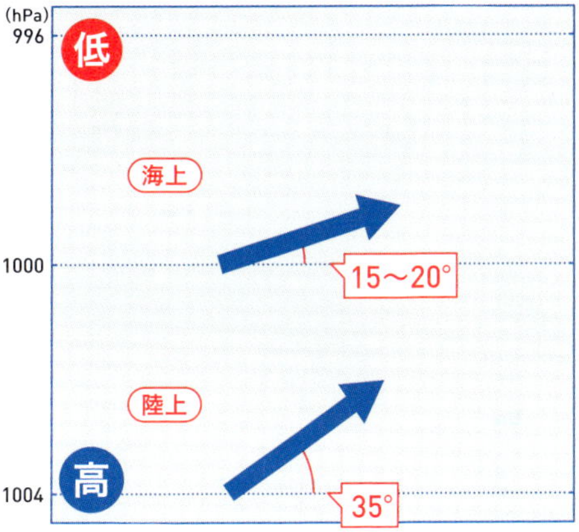

● 風は高気圧から低気圧へ

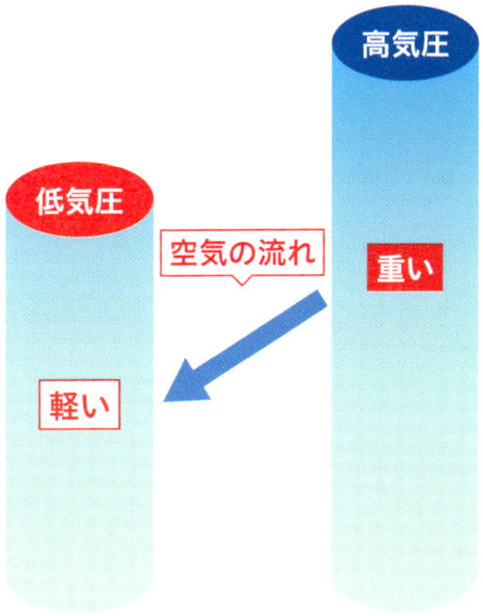

自転のない時は高気圧から低気圧に向かって風が吹く。

等圧線と平行に吹く地衡風

風は高気圧から低気圧に向かって吹くが、コリオリの力によって見かけ上、右へ向く。右向きの力が加わって等圧線と平行に吹くようになった風を、地《ち》衡風《こうふう》と呼ぶ。

海上と陸上の風

上空を吹いている風は、等圧線と平行に吹く地衡風であることが多いが、地上付近を吹く風は少し異なる。地上付近は地面などの摩擦があるために風が弱まり、風向きが変わる。風を作る力に、気圧傾度力とコリオリの力だけでなく摩擦力が加わるため、風は等圧線に平行ではなく、等圧線に対して海上では15°〜20°くらい、陸上では35°くらいの角度で吹くのである。陸上の方が海上より摩擦力が大きいので、等圧線に対して角度が大きくなる。

気温

気温の正体は運動エネルギー

空気の膨張で気温が下がる

● 気温と運動エネルギー

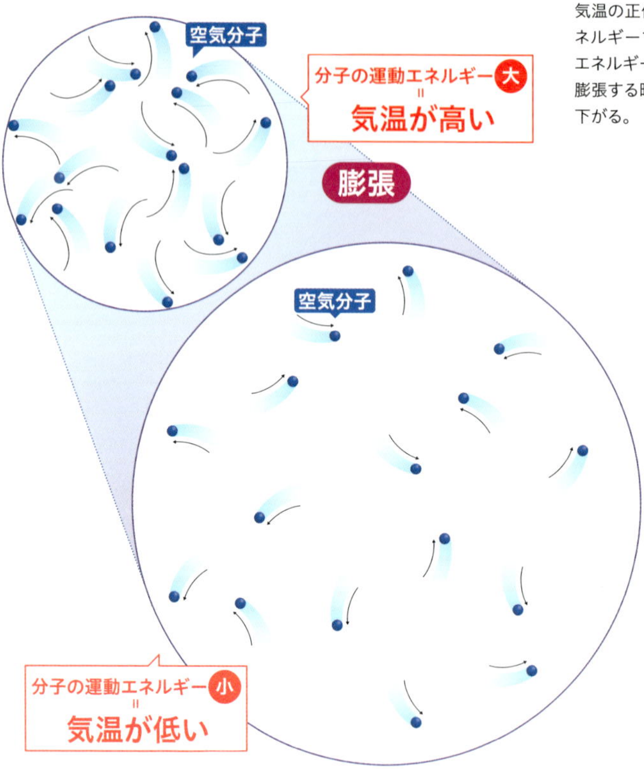

気温の正体は、窒素や酸素など空気分子の運動エネルギーである。空気分子の動きが激しく、運動エネルギーが大きい時は気温が高くなる。空気が膨張する時は運動エネルギーを使うために気温が下がる。

● 空気上昇と膨張

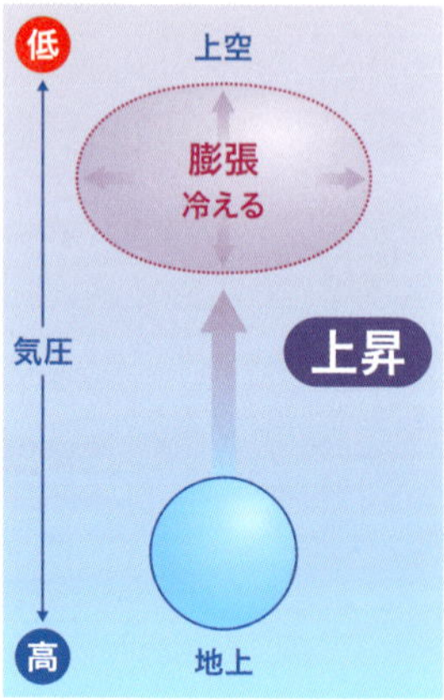

高度が上がるほど気圧が低くなるために、空気が上昇すると膨張する。空気は膨張する時に運動エネルギーを使うので気温が下がる。空気は上昇すると冷えるのである。

空気分子のエネルギー

そもそも気温とは何だろう？　暖かければ気温が高く、寒ければ気温が低くなるが、その気温の正体は、空気分子の運動エネルギーである。空気は目に見えないが、空中では空気の分子である窒素や酸素などが激しく飛び回っている。この個々の分子のエネルギーの合計が気温である。空気分子が激しく飛び回り、運動エネルギーが大きいと気温が高く、動きがゆっくりで運動エネルギーが小さいと、気温が低くなる。

空気は上昇して冷える

空気が膨張する時には、空気が外界に対して仕事をしたことになるので、その分だけ空気分子のエネルギーが小さくなり、気温が下がる。

空気が上昇すると、上空は気圧が低いため、上昇した空気は膨張して気温が下がる。上昇

● 気温と飽和水蒸気量

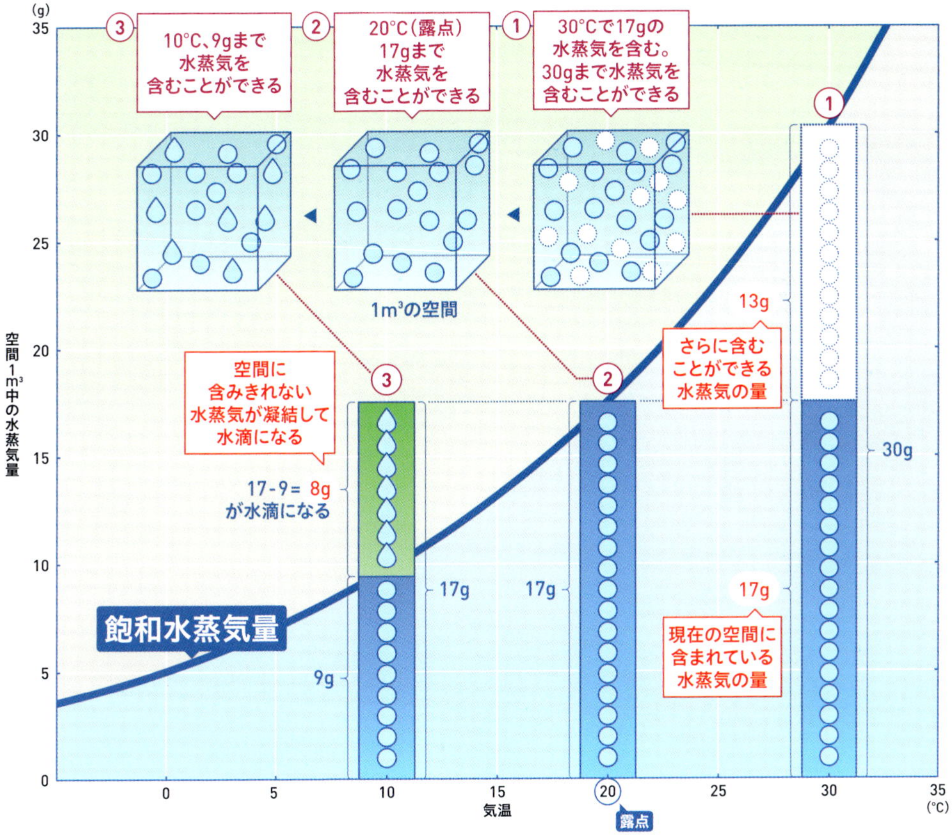

気温30°Cで空間1m³中に17gの水蒸気が含まれている場合、20°Cが露点温度になる。露点温度より低い10°Cまで下がると飽和水蒸気量が9gのため、17-9=8gは水滴になる。水滴は上空では雲粒になり、やがては雨になるのである。

した空気は、周りの空気によって冷やされるのではなく、自ら冷えるのである。

空間が含む水蒸気量

空間は気温が高いほど多くの水蒸気を含むことができる。空間1m³が含むことができる最大の水蒸気量が飽和水蒸気量で、気温が高いほど飽和水蒸気量が多くなる。空気が含みうる水蒸気量と説明している文献もあるが、空気である窒素や酸素などが水蒸気を含むのではなく、正しくは空間が水蒸気を含む。飽和水蒸気量は30°Cで約30g、20°Cで約17g、10gでは約9gである。

気温が30°Cで空間1m³中に17gの水蒸気が含まれている場合、気温が下がって20°Cになると飽和水蒸気量になるため、20°Cが露点温度になる。露点温度より下がると水滴が発生する。

雲の形成

上昇した水蒸気の水と氷でできる

● 雲の形成

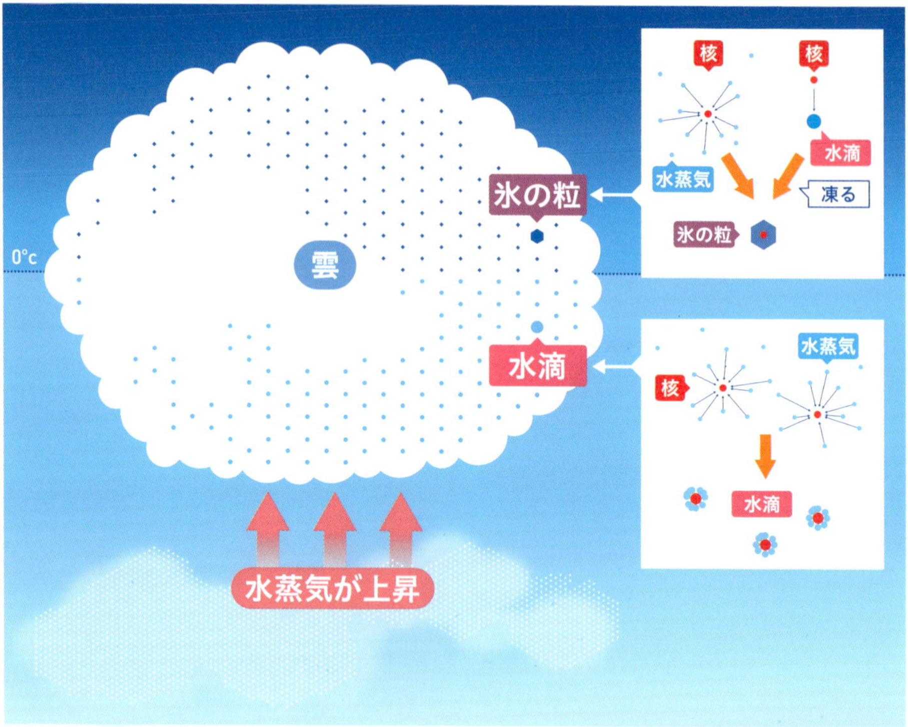

雲粒は、空気が冷えて水蒸気が核にくっつき、発生する。雲粒には水滴と氷の粒の2種類がある。水滴は核に水蒸気がついて発生する。氷の粒は、核に水蒸気が集まり氷になるもの（気体→固体）と核に水滴がついて凍ったもの（液体→固体）がある。

雲の形成

雲は水蒸気の上昇で発生する。上昇した空気が冷えて水蒸気が雲になる。雲には水滴と氷の粒の2種類があり、それぞれでき方が違う。雲粒になるには、その核となるものが必要で、水滴の雲粒の場合は、波しぶきからの海塩粒子や気体の化学反応による硫酸粒子など、氷の粒の場合は土壌粒子の粘土鉱物などである。

水滴は核に水蒸気がくっつくことで発生する。氷の粒のでき方には2種類あり、ひとつは核に水蒸気が昇華してできるもの、もうひとつは核に水滴がついて凍ったものである。

水滴の大きさ

雲粒の直径は大体0.02mmくらいで、1mmの50分の1と大変小さな粒である。霧雨の粒は0.5mm未満で、雨粒は大体2～

●雲粒と雨粒の違い

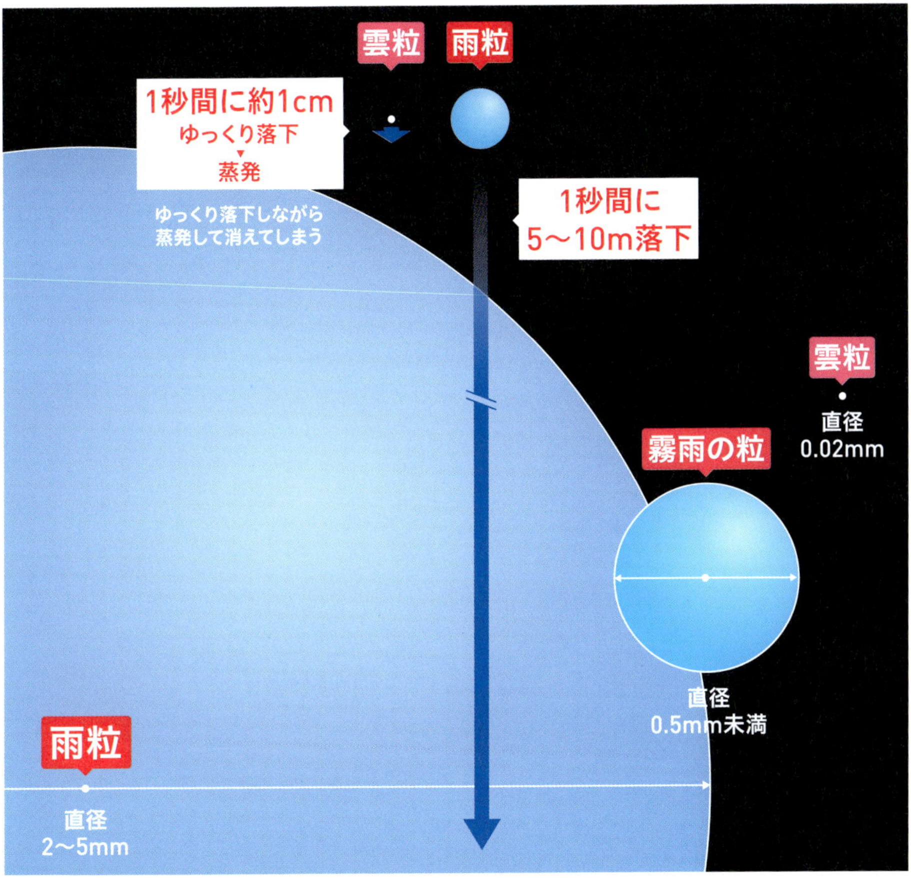

雲粒と雨粒の大きさの違いは100万倍以上である。落下速度も大きな差があり、雨粒は1秒間に5～10mだが、雲粒は1秒間に約1cmと、とてもゆっくりである。小さな雲粒はゆっくり落下し、地上に達する前に蒸発し、消えてしまう。

5mmくらいのものが多い。雲粒と雨粒を比べると、雨粒は直径で雲粒の100倍以上、体積は100万倍以上である。雲粒が100万粒以上集まって、ようやく雨粒ひと粒になるくらい、雲粒と雨粒の大きさには大きな差がある。

雲は浮いている？

小さい頃、雲の上に乗りたいと思ったものだが、ぷかぷか浮かんでいるように見える雲は、実は落下しているのである。

雨粒は1秒間に5～10mと速いスピードで落下しているが、雲粒は1秒間に約1cm（1分間に約60cm）と、とてもゆっくりと落下している。小さな雲粒はゆっくり落下しながら蒸発して消えてしまう。雲がすぐ消えないのは、雲粒が消えると同時に新たな雲粒が次々と発生しているからである。こうして雲は消えずに浮かんで見えるのである。

雨と雪

雨・雪のしくみ

過冷却水滴が粒を大きくする

● 雨雪のしくみ

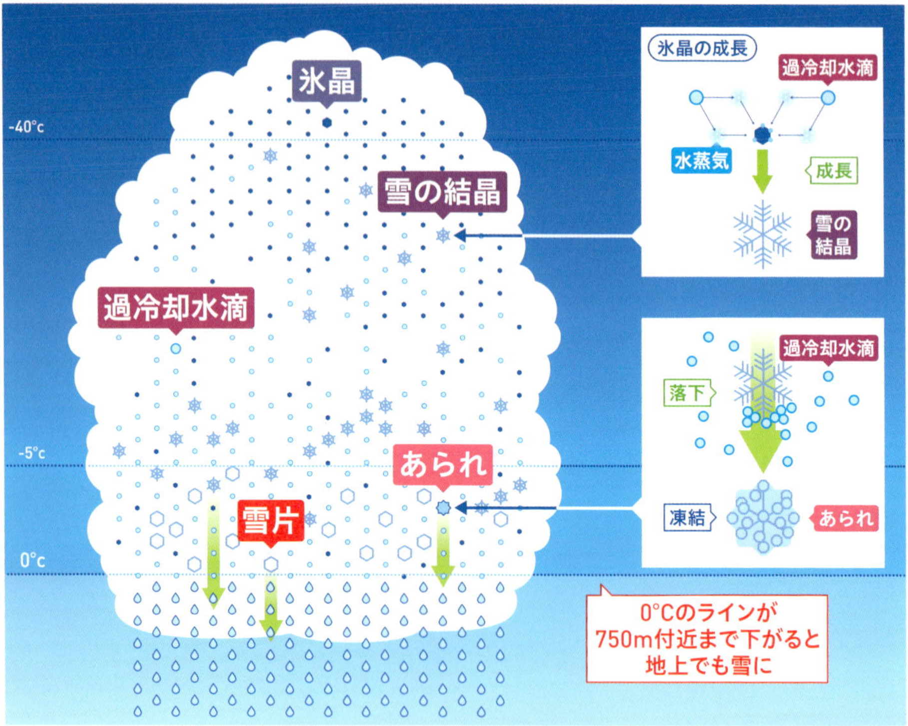

過冷却水滴とは、気温が0°Cを下回っても凍らない水滴のことで、雲の中では通常-35°Cくらいまで存在している。雪の結晶は気温が-5°C以上になると氷の表面がくっつきやすくなり、0 〜−5°Cでは大きな雪片が作られる。

雨・雪のしくみ

雲粒が大きくなると、雨粒や氷の粒になる。

雲の中は気温や過冷却水滴の状況などによって色々な表情を見せる。過冷却水滴があるため、雲の中は気温が0°C以下でも水滴と氷の粒である氷晶が混在している。

氷晶は過冷却水滴からの水蒸気を吸収し成長し、雪の結晶になる。雪の結晶が大きくなると落下するが、その際、過冷却水滴とくっついて凍るとあられができる。

雪の結晶やあられが、そのまま解けずに落ちてくると、雪やあられになり、解ければ雨になる。

上空の気温で地上の雨か雪かを判断する時には、ひとつの目安として750mの高さに注目するとよい。750mの高さで0°C以下になると、地上の気温が0°C以上でも雪になりやすくなるのである。

● 雨雪の判別

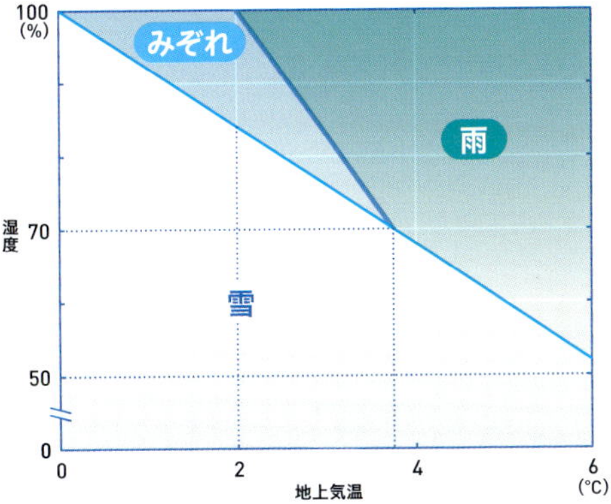

気温と湿度は低いほど雪になりやすい。気温が2°Cを下回ると、湿度に関係なく雪またはみぞれになる。気温が6°Cでも湿度が50%以下なら雪になる。

● 暖かい雨

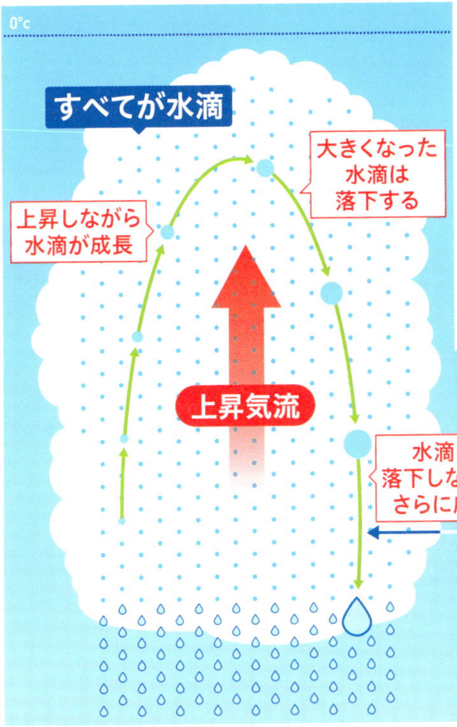
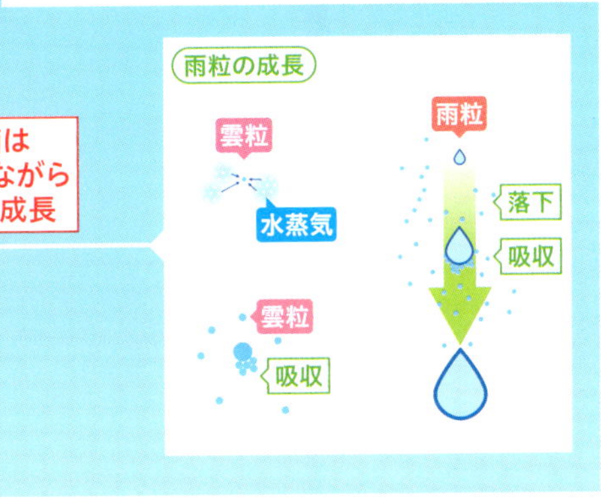

雲の温度が0°C以上で、すべてが水滴の雲から降ってくる雨を暖かい雨と言う。大きくなった水滴が落下する時は、雲粒とぶつかり、さらに成長して落下する。

暖かい雨

雲の気温が0°C以上で、氷の粒のない雲から降ってくる雨のことを暖かい雨と言う。暖かい雨の水滴の成長には2種類あり、ひとつは水蒸気が凝結するものと、もうひとつは水滴同士がぶつかり合って成長するものである。

一方、雲粒の中に氷の粒が含まれていて、氷の粒が大きくなり落下する時に解けて降る雨を、冷たい雨と言う。日本で降る雨のほとんどが冷たい雨である。

雨雪の判別

気温が低いと雪になりやすいが、湿度も低いと雪になりやすい。湿度が低いと、雪の表面では水蒸気になりやすく、その際、雪が冷やされるからである。雪・雨の判別図を見ると、気温が6°Cでも湿度が50%以下では雪になるのである。

上昇気流

雨・雪を降らせる上昇気流

不安定と空気のぶつかり合いで発生

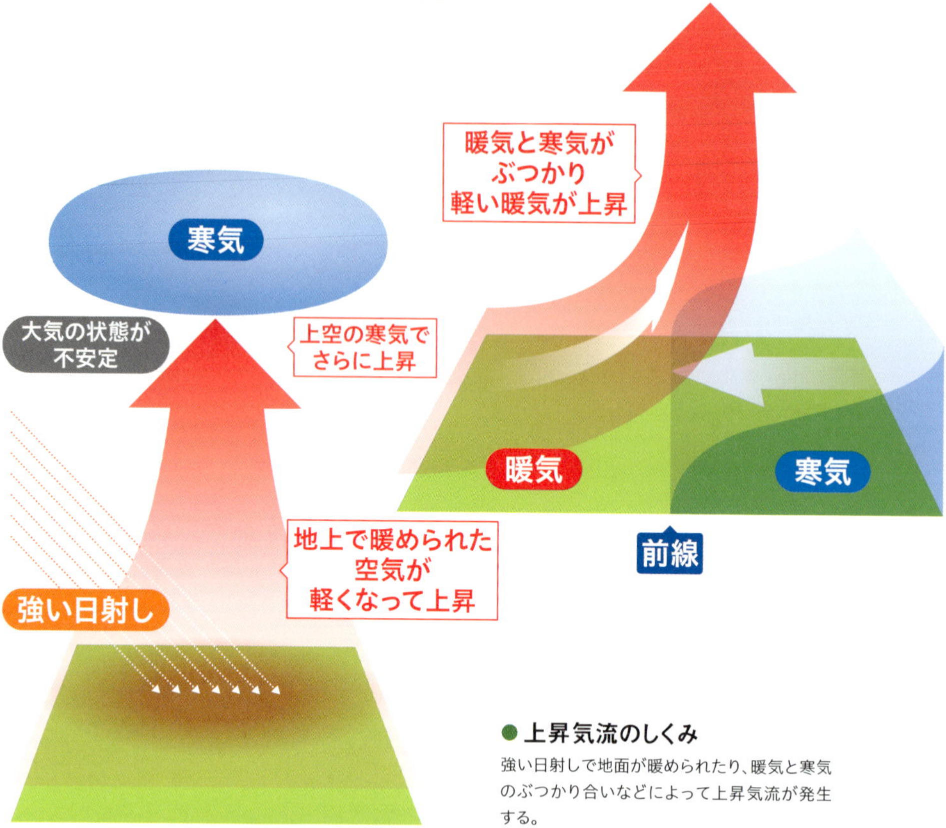

● **上昇気流のしくみ**

強い日射しで地面が暖められたり、暖気と寒気のぶつかり合いなどによって上昇気流が発生する。

上昇気流の発生

上昇気流によって雲が発生し雨や雪を降らせることになる。その上昇気流のしくみでポイントなるのが、大気の状態が不安定なことと空気のぶつかりである。

大気の状態が不安定ということは、地面付近など下層の空気が暖かく、上空には寒気が流れ込んだ状態である。上空に寒気が流れ込んでいなくても、強い日射しによって地面が暖められ、地面付近の空気を暖める。暖まった空気は軽くなり、上昇気流が発生する。さらに上空に寒気が流れ込むと上昇気流が強まり、大雨や突風をもたらす積乱雲といった発達した雨雲が発生しやすくなる。

もうひとつは空気と空気のぶつかりで、空気がぶつかり合うと上昇気流が発生する。暖気と寒気がぶつかると、軽い暖気が持ち上げられて上昇気流になる。暖気と寒気の境目が

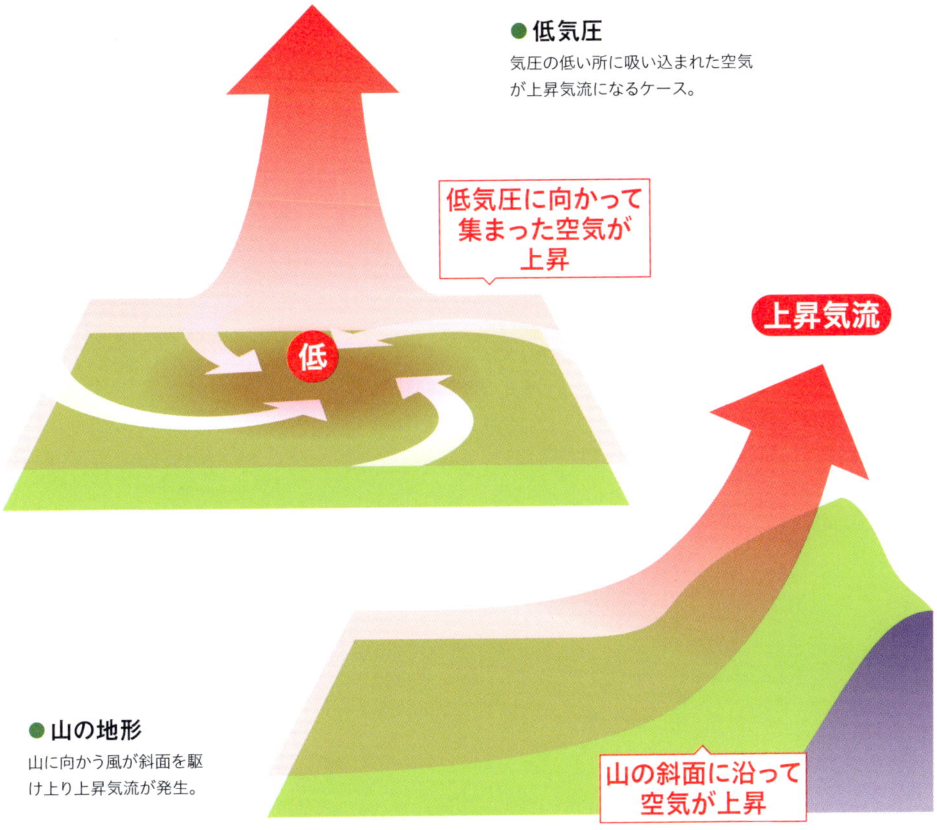

●低気圧
気圧の低い所に吸い込まれた空気が上昇気流になるケース。

●山の地形
山に向かう風が斜面を駆け上り上昇気流が発生。

前線になる。

大気の状態が不安定と空気のぶつかり以外の上昇気流の発生原因には、低気圧と地形がある。

低気圧

低気圧は気圧が低いために周りから空気が集まる。集まった空気は下には行けないので上昇気流が発生する。

山を昇る

上昇気流を作る地形は山である。風が山にぶつかると、斜面に沿って空気は上昇し、上昇気流が発生する。湿った風が山にぶつかると雲が発生し、雨を降らせる。一方、山を越えて吹く風は下降気流になるので、雲は消えて天気は晴れやすい。このように山は風向きが変わるだけで天気が大きく変わるので、山の天気は変わりやすいと言われるのである。

低気圧

温帯低気圧と熱帯低気圧

違いはしくみとエネルギー源

● 温帯低気圧

暖気と寒気によってできていて、寒気が暖気を押し上げ、暖気は寒気の上をゆるやかに上昇する。前線があり、エネルギー源は、暖気と寒気の気温差である。

● 熱帯低気圧

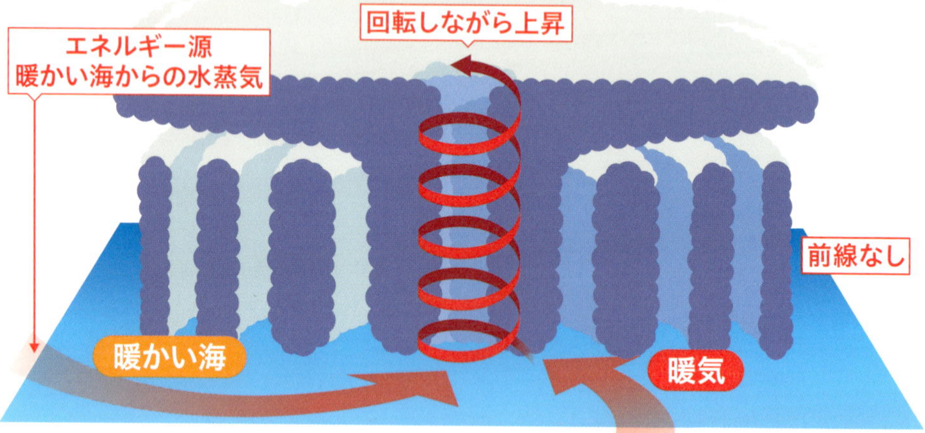

熱帯低気圧は暖気のみでできているので、低気圧のような前線はない。エネルギー源は暖かい海からの水蒸気で、周りから反時計回りに空気が集まる。集まった空気は回転しながら上昇する。

温帯低気圧と熱帯低気圧の違い

一般に低気圧と言うと温帯低気圧のことを指すが、低気圧と熱帯低気圧の違いは、しくみとエネルギー源である。

熱帯低気圧の中で、中心付近の最大風速が17.2m/s以上になると台風と呼ぶが、台風と同じかそれ以上の風が吹く低気圧もある。低気圧と熱帯低気圧の違いは、風の強さや勢力ではない。

温帯低気圧

低気圧は、暖気と寒気によって作られている。暖気と寒気の境目には前線ができるので、前線があるのが特徴である。

エネルギー源は、暖気と寒気の気温差で、気温の差が大きいほど低気圧は発達する。

熱帯低気圧

熱帯低気圧は、暖気のみでできているので、

●低気圧の発生・発達

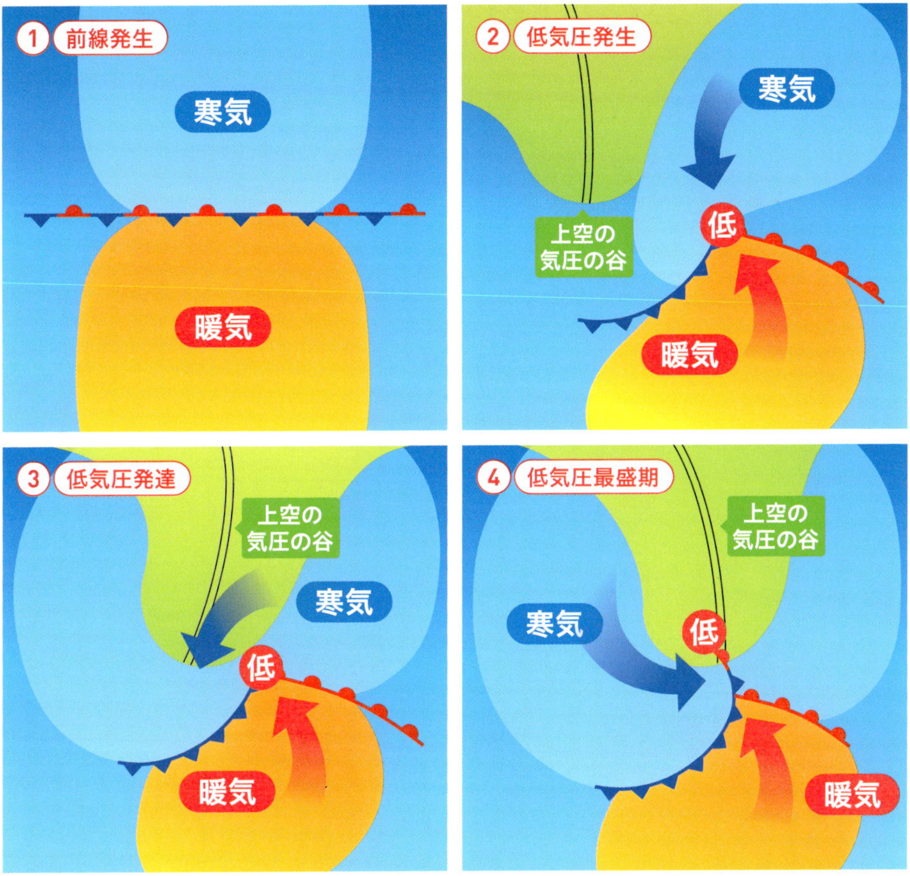

①寒気と暖気のぶつかりで前線が発生する。②上空の気圧の谷の接近で低気圧が発生する。③気圧の谷がさらに接近し低気圧が発達する。④気圧の谷が低気圧の上に達する頃、低気圧が最盛期で閉塞する。この後低気圧が次第に弱まる。

前線がないのが特徴である。

エネルギー源は暖かい海からの水蒸気である。水蒸気が雲になる時には熱を放出する。その熱により空気は暖まり、上昇気流が強まって熱帯低気圧が発達するのである。

気圧の谷接近で低気圧発達

低気圧は、暖気と寒気の気温差が大きいほど発達するが、上空の気圧の谷が接近するとさらに発達する。低気圧は、まず暖気と寒気のぶつかりによって前線が生まれることから始まる。次に西から上空の気圧の谷が近づき、前線が波打つようになると低気圧が発生する。上空の気圧の谷が低気圧に接近すると低気圧が発達する。このの ち気圧の谷がちょうど低気圧の上に達する頃が低気圧の最盛期。低気圧は閉塞し、この後は、低気圧は次第に弱まるようになる。

寒暖の強さが前線を決める

寒暖の空気の境目が前線

●寒冷前線

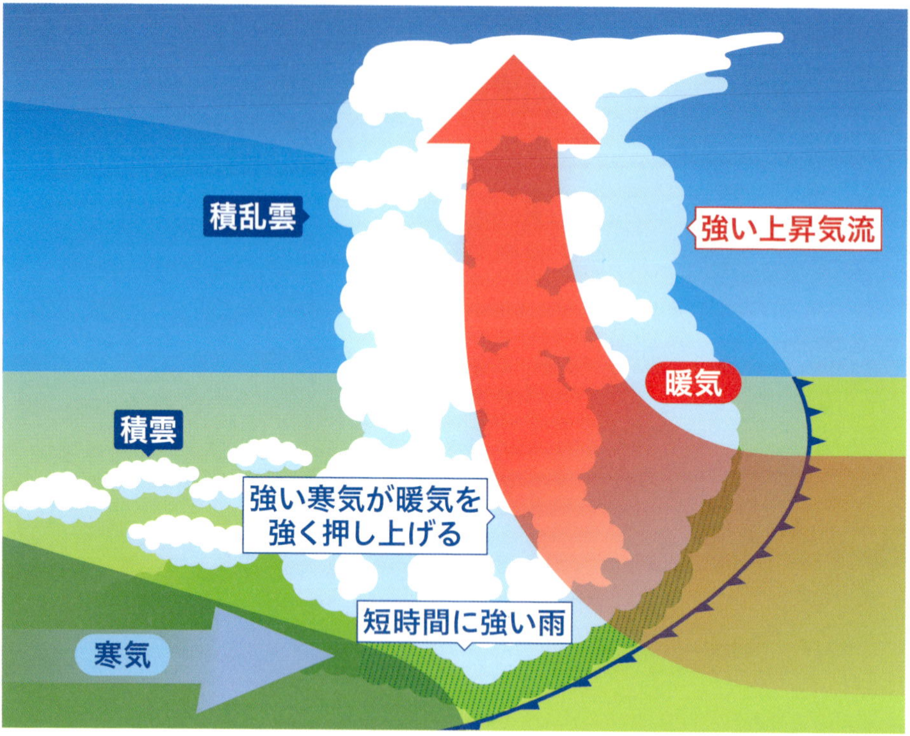

寒冷前線付近は強い上昇気流が発生するため、積乱雲など発達した雲が発生しやすい。短時間に強い雨が降り、落雷や突風なども起こりやすく、注意が必要。

寒気が強い寒冷前線

前線は寒気と暖気の境界線のことで、寒気と暖気の強さによって前線の種類が変わる。

寒気の勢力の境界が暖気側に移動しているのが寒冷前線である。寒気は重く暖気を上に押し上げる力が強いため、上昇気流が強い。このため、上昇気流が強い時にできる積雲や積乱雲が発生し、強い雨や落雷・突風が起こりやすい。寒冷前線通過時は気温が急激に下がる。

暖気が強い温暖前線

暖気が寒気より勢力が強いのが温暖前線である。寒気の上を暖気がゆるやかに上昇するため、寒冷前線とは違い、乱層雲や高層雲といった層状の雲が発生しやすい。寒冷前線の時の積雲や積乱雲による強い雨は降らないが、寒冷前線より雨の降る時間が長くなる。前線から進行方向300kmくらいまでの間では、連続して雨や雪が降りやすい。

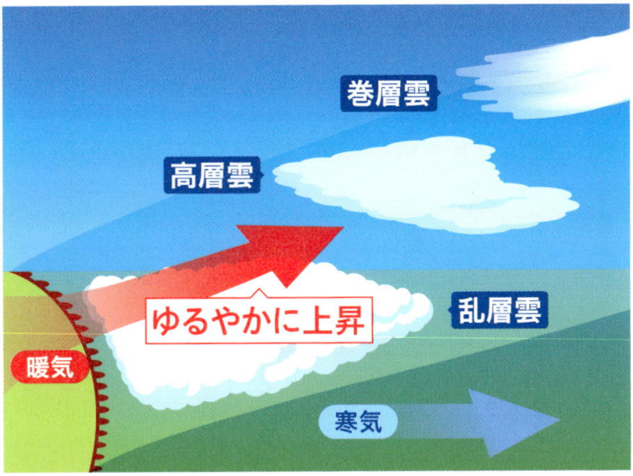

● **温暖前線**

温暖前線付近は、乱層雲や高層雲など層状の雲が発生し、大きく広がる。雨雲や雪雲の範囲は、前線から約300kmまで広がり、長い時間連続して降りやすい。

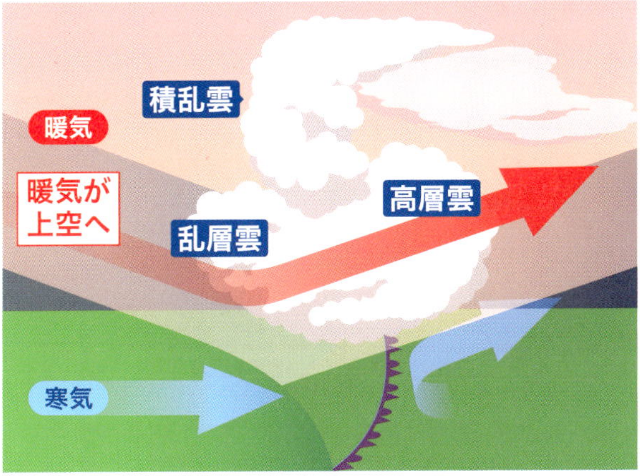

● **閉塞前線**

寒冷前線と温暖前線が合体したのが閉塞前線である。雲は両方の前線の雲が合わさり、積乱雲、乱層雲、高層雲などが発生する。

寒暖同じ強さの停滞前線

寒気と暖気の強さがちょうど同じくらいの時は停滞前線になる。梅雨前線などが停滞前線であるが、同じような位置にとどまるため、雨の降る時間が長くなる。停滞前線付近は温暖前線と同じように乱層雲や高層雲といった層状の雲が発生しやすい。寒気と暖気の強さが少し変わるだけで前線の位置が変わるため、停滞前線付近の予報は難しい。

閉塞前線

寒冷前線が温暖前線に追いついた時にできるのが閉塞前線である。暖気が上に押し上げられ、地上付近は寒気と寒気がぶつかったような形になる。雲は寒冷前線と温暖前線の両方の雲が発生しやすく、乱層雲や高層雲、それに積乱雲などが発生する。

低気圧が発達し最盛期になると、閉塞前線が発生する。

大雨と突風をもたらす積乱雲

積乱雲の寿命は30〜60分だが威力は膨大

●積乱雲の一生

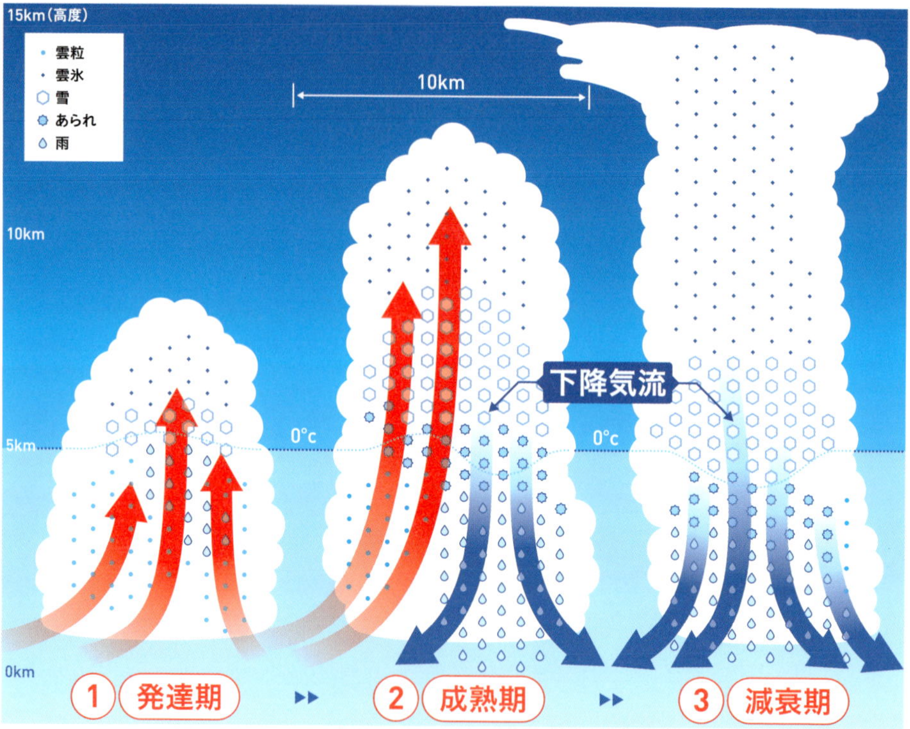

激しい風雨を見舞う積乱雲だが、発達して衰退するまでの時間は30分から1時間程度

積乱雲の一生

積乱雲の発達期は、雲がもくもくと上に成長している段階で、雲の中はすべてが上昇気流である。雨粒も発生し始めているが、上昇気流が強いために地上には降っていない。

雲の高さが対流圏の上部に達すると、雲の中では大きな氷の粒などができている。大きな粒は重く、上昇気流に打ち勝って落下を始める。その際、周りの空気も一緒に引きずり下ろすため、下降気流が発生する。下降気流の始まりが成熟期の始まりで、地上では強い雨が降り始める。落下する氷の粒が0°Cの高度を通る時には融解し、空気を冷やすため、下降気流が強まる。また雨粒も雲の下で蒸発し、空気を冷やすため、下降気流はさらに強まるのである。積乱雲の下では冷気がたまり、冷気プール、または冷気ドームができる。上昇気流がなくなると減衰期に入り、雨は次第に弱まる。

● 積乱雲が次々に発生するバックビルディング

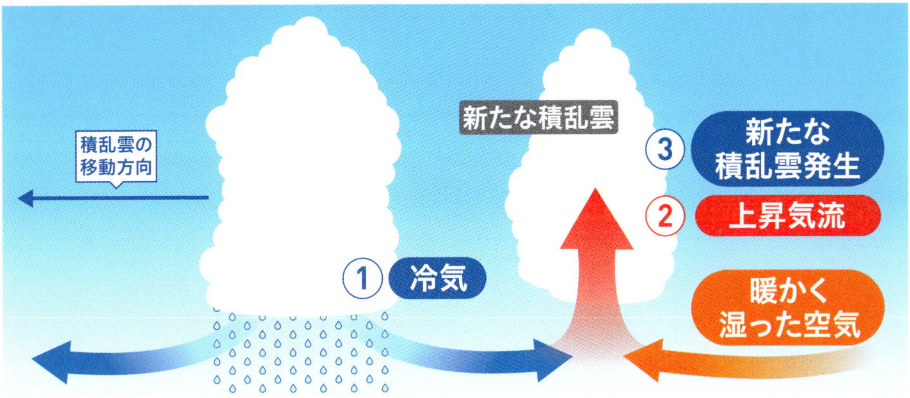

積乱雲の移動方向から見ると後ろ側で積乱雲が発生するため、バックビルディングと呼ばれ、①②③の順で発生する

● ダウンバースト

ダウンバーストは、離着陸中の飛行機が墜落事故を起こすほど強いことがあり、危険な突風である。

● ガストフロント

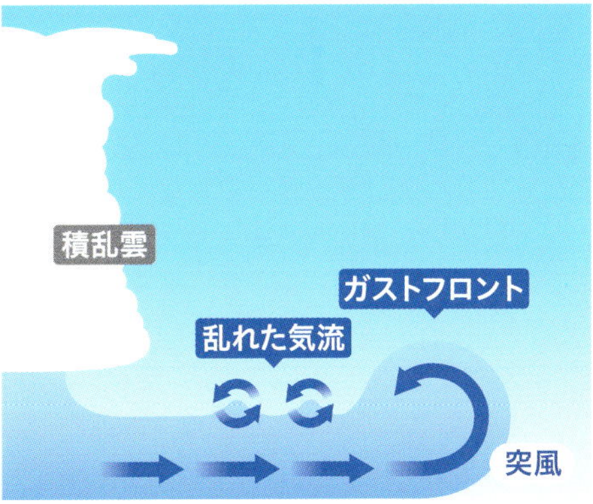

ガストフロントが通過する際は、突風と風向の急変、気温の急下降と気圧の急上昇が観測される。

バックビルディング

積乱雲が次々に発生するしくみが、バックビルディングである。積乱雲の下で冷気が放出、外からの暖かく湿った空気とぶつかり、上昇気流が生まれ、新たな積乱雲が発生する。冷気があまり広がらない時は、積乱雲が同じような場所で発生して雨が続くことになる。こうした状況は、下層の空気が非常に湿っていて、雲底がかなり低い時に起こりやすい。

ダウンバーストとガストフロント

発達した積乱雲の下では、竜巻以外にも激しい突風が吹くことがある。強い下降気流が地面に衝突して周囲に吹き出す突風は、ダウンバーストと呼ばれる。

ガストフロントとは、積乱雲から吹き出した冷気の先端と周囲の空気との境界のことである。境界付近では突風(ガスト)を伴うことがあるので、ガストフロントと呼ばれる。

氷の粒がぶつかって電気を生む

雷の温度は3万°Cにも

● 雷発生のメカニズム

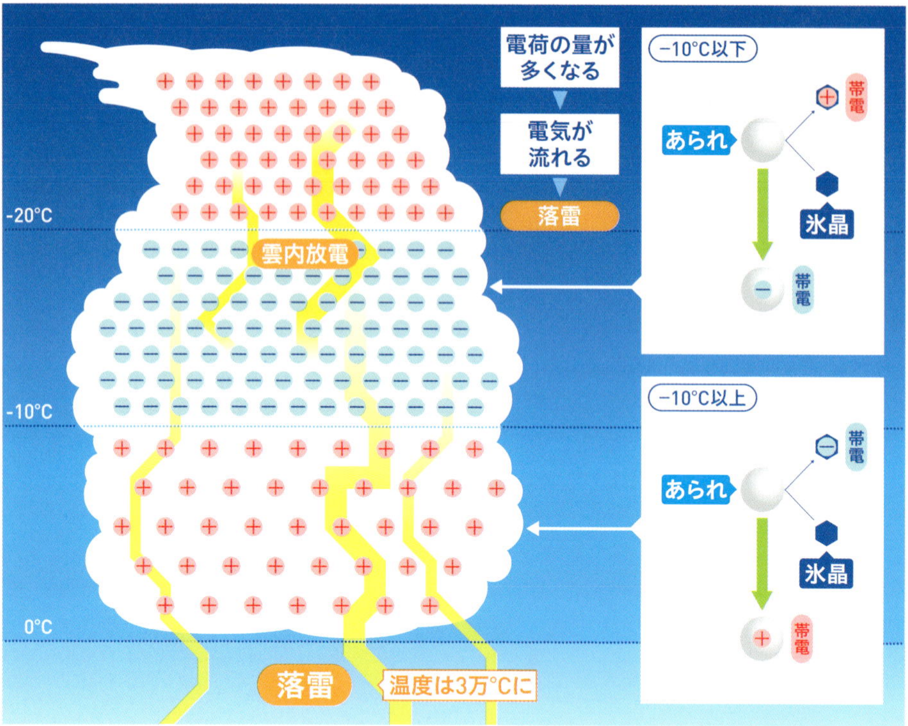

大きさの違う氷の粒がぶつかり合うことで電荷が発生し、電荷の量が多くなると激しい落雷を引き起こす。

雷発生のメカニズム

積乱雲の中には、さまざまな大きさの氷の粒がある。それぞれ落下速度が違うため衝突が起き、ぶつかり合いによって電気が生まれるのである。その時、粒の大きなあられの表面状態により、−10°Cの温度を境に、氷の粒の電荷は正負が逆転する。−10°C以下の時は、あられと氷晶（小さな氷の粒）がぶつかると、あられはマイナス、氷晶はプラスに帯電する。軽い氷晶は上に持ち上げられるため、雲の上部がプラスになる。一方、−10°C以上の時は、あられはプラスに氷晶はマイナスに帯電する。重いあられは落下するため、雲の下部がプラスになる。中間の−10°Cから−20°Cの層は、上から落下したマイナス電荷のあられと、下から上昇したマイナス電荷の氷晶が集まり、マイナスの電荷になる。こうして積乱雲は、上からプラス、マイナス、プラスの3極構造の電荷分布になる。電荷の

● **首都の落雷**

夏は日中の日射しで熱くなった空気が上昇する。また南から湿った空気も流れ込みやすく、雷雲が発達しやすい。時間的には夕方に落雷に見舞われることが多い。

量が多くなると、地面との間で電気が流れるようになり、落雷となる。

雷のエネルギー

雷は1万分の1秒ほどの間に膨大なエネルギーを流す。平均的な落雷の電流は2～3万Aで、電気のエネルギーは100kWhを超えることもある。一般家庭の電力量に換算すると、1カ月を超える電力が一瞬で流れる。これだけのエネルギーが細い経路に一瞬で流れるため、経路の空気は一気に3万°Cにもなる。

夏の雷　冬の雷

夏の雷は午後に多くなり夕方にピークがある。一方、冬の雷は時間による違いがあまりない。

夏の強い日射しで熱くなった空気が上空に押し上げられ、夕方になると雷雲が発生して落雷となることがしばしば起こる。

雹

強い上昇気流が雹《ひょう》を生む

雹の季節は初夏

● 雹のメカニズム

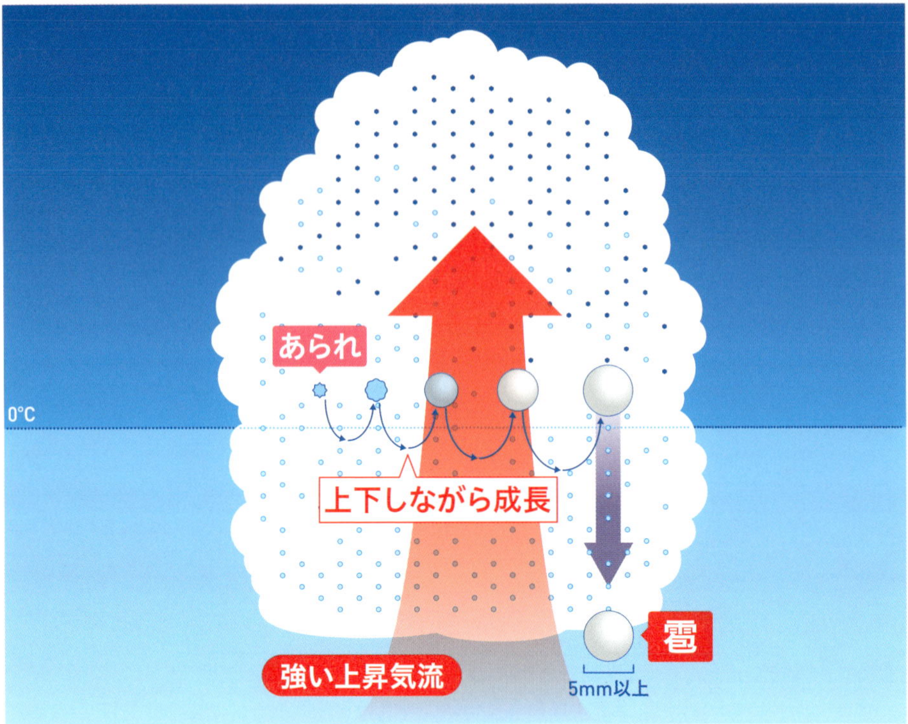

雹は、雲の中であられが上下しながら成長して生まれる。上昇気流が弱いと降ってくるのはあられまたは雨だが、上昇気流が強く地上まで解けないと雹になる。強い上昇気流をもつ発達した積乱雲が雹を降らせる。

雹は直径5mm以上

空から降ってくる氷の粒で、直径が5mm以上のものが雹、直径が5mm未満のものがあられ。雹は、強い上昇気流がある発達した積乱雲で生まれる。積乱雲の中では、小さな氷の粒に、過冷却水滴（0°C以下になっても凍らない水滴）が付着することによって氷の粒が大きくなり、あられになる。上昇気流が弱いとそのまま落ちて、あられか、あられが解けて雨になる。上昇気流が強いとそのまま落ちずにさらに上下を繰り返しながら大きくなる。大きな粒がそのまま落ちれば、雹になり、解ければ大粒の雨になる。

雹の落下速度

雹の落下速度は、粒が大きくなるほど速くなり、被害も大きくなる。直径が5mmでは10m/sで時速にすると36kmである。直径5cmになると32m/sで時速はなんと115kmにもなる。

● 大粒の雹

短時間でかなりの大きさの雹が庭を埋めた。

● 5月の雹害の県別件数
（1971～2002年の総数）

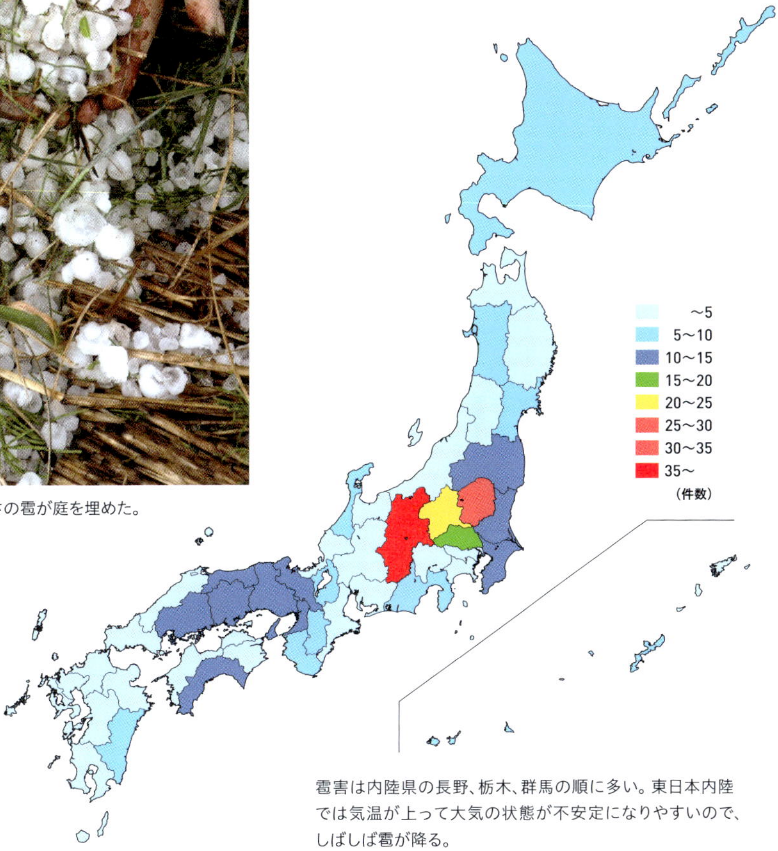

雹害は内陸県の長野、栃木、群馬の順に多い。東日本内陸では気温が上って大気の状態が不安定になりやすいので、しばしば雹が降る。

雹害の最多は5月

雹による被害で最も影響が多いのは農作物で、そのほかは屋根、窓ガラス、ビニールハウス、車のフロントガラスなどの損傷である。1年で雹による被害が最も多いのは5月で、5月から7月に集中している。5月になると日差しが強くなり地面付近が暑くなる。上空に強い寒気が流れ込むと、大気の状態が非常に不安定になり、強い上昇気流が起きやすくなる。夏も強い上昇気流が起きるが、気温が高いために雹は解けて大粒の雨になりやすい。

雹害は東日本の内陸で多い

雹害の発生件数で最も多いのが長野県、次に栃木県、群馬県と続く。東日本の内陸は気温が上がりやすく大気の状態が不安定になりやすいので、雹が多くなる。また、日本海側の雹は寒候期に多いので、農作物被害は少ない。

雪

雪は天から送られた手紙

上空の気温と湿度で雪の表情が変わる

● 雪の結晶の形

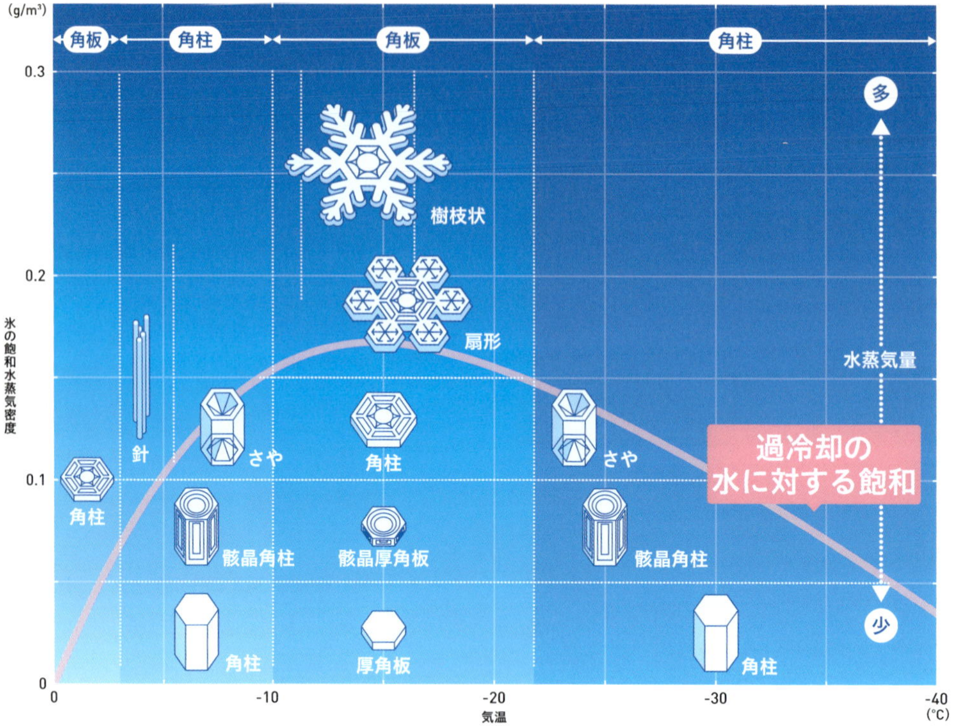

気温が0～-4℃と-10～-22℃では板状、-4～-10℃と-22～-40℃では柱状になり、水蒸気の量が多くなると形が変わっていく。-10～-22℃では、水蒸気量が少ない時は厚角板であるが、水蒸気量が最も多くなると樹枝状になる。

さまざまな雪の結晶

雪の結晶は、さまざまな表情をもっている。北海道大学の故中谷宇吉郎博士（1900～1962年）は世界で初めて人工雪を作ることに成功し、上空の気温と水蒸気の量の違いによって雪の結晶の形が変化することを発見した。上の図は気温と水蒸気の量によって結晶の形が変わることを表している。気温によって板状か柱状かに分かれ、さらに水蒸気の量が多くなると樹枝状などに変わる。

中谷宇吉郎博士の有名な言葉「雪は天から送られた手紙」は、雪を調べれば上空の様子がわかることを意味している。

ダイヤモンドダスト

ダイヤモンドダストは気象用語では「細氷《さいひょう》」と呼ばれ、大気中の水蒸気が昇華し（水を経ないで氷になること）、ゆっくりと降ってくる小さな氷

● あられと凍雨

雪あられ

形／色	球・円錐／白色・不透明
直径	5mm未満
硬さ	もろい
できる雲	積雲・積乱雲

氷あられ

形／色	球／半透明
直径	5mm未満
硬さ	硬い
できる雲	積雲・積乱雲

凍雨

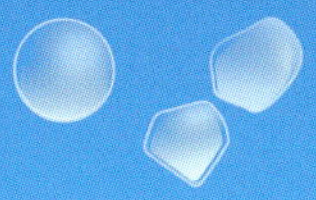

形／色	球・不規則／透明
直径	5mm未満
硬さ	硬い
できる雲	高層雲・乱層雲

直径5mm未満の氷の粒には、あられと凍雨がある。

● 旭川のダイヤモンドダスト

冬、快晴で−10°C以下で放射冷却が強まった時に発生する。北海道の内陸部、旭川や弟子屈などでよく見られる。

の結晶である。晴れた日には、太陽に照らされてきらきらと輝くことからダイヤモンドダストと呼ばれる。冷え込みが強まり、気温が-10°Cを下回るようになると発生する。

あられと凍《とう》雨《う》

直径5mm未満の氷の粒には、あられと凍雨がある。凍雨とは、一度解けた氷の粒がもう一度凍ったもので、色は透明で硬く、形は球または不規則である。発生する雲は高層雲や乱層雲といった層状の雲であるため、降り方は比較的弱いことが多い。

一方、あられには2種類ある。雪あられと氷あられで、大きく違うのは、色と硬さである。雪あられは、白色・不透明ですき間が多くもろい。氷あられは半透明で表面はつるつるで硬く、簡単にはつぶれない。発生する雲は積雲・積乱雲で、強く降ることがある。

地表付近の雲が霧

1km先も見えなくなる

● 佐久平を覆いつくした大雲海
佐久平をすっぽりと覆った大雲海。標高2,000mの長野県高峰温泉から遠く中央アルプス方面を望む。

霧ともや

霧と雲はともに小さな水滴が浮いている状態で、同じものである。ただ上空にあるのか、地面付近にあるかの違いなのだ。気象庁では、微小な浮遊水滴により視程（水平方向で見通せる距離）が1km未満の状態の際に「霧」と呼んでいる。一方、視程が1km以上10km未満の状態は「もや」になる。

霧にはさまざまな呼び名があり、発生場所によってそれぞれ海霧、山霧、川霧、都市霧、盆地霧などと呼ばれる。

盆地霧

盆地は周りを山で囲まれているために、風が弱く、地面付近の熱が上空に逃げていく放射冷却現象が起こりやすい。さらに冷えた空気が盆地にたまるので、より冷え込みが強まり、霧が発生しやすい。また一度発生す

● 年間最多、釧路の美しい霧

気象庁の観測所の中で最も霧が多いのは北海道の釧路で、年間の平年の霧日数は、101.4日と100日を超えている。1年の中では夏が最も多く、半分以上の日で発生している。夏に多いのは、暖かな湿った南風が北海道付近の冷たい海水で冷やされるからである。海の上でできるので海霧である。

● 釧路の月別霧発生日数

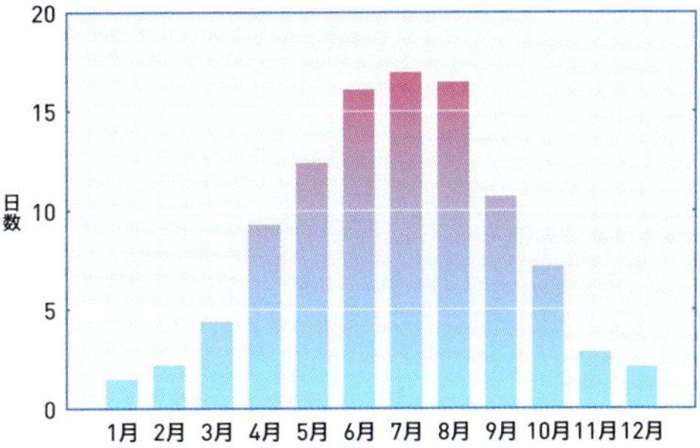

特に6～8月は月の半数以上で霧が発生している。

ると、風が弱いために流されることがあまりなく、気温が上がり始める朝まで続くことが多い。盆地霧を山の高い所から見ると雲海になる。

東京の霧は減少

東京の平年の年間霧日数はわずか2.7日で、3日もない。しかし昔の東京は霧が多く発生していた。

1931～1940年までは1年間に平均49日ほど霧が発生していた。その後は次第に減り1951～1970年では23日ほどになり、さらに1971年以降は10日を下回り、2001年から2010年はわずか1日になるのである。

東京では都市化が進み、コンクリートが多く緑地が減ったために、空気が年々乾燥してきている。さらに朝晩の冷え込みも弱くなっていることが、霧が少なくなった理由である。

霧を発生させる6つのパターン

湿った空気の冷え方の違いで決まる

● 放射霧

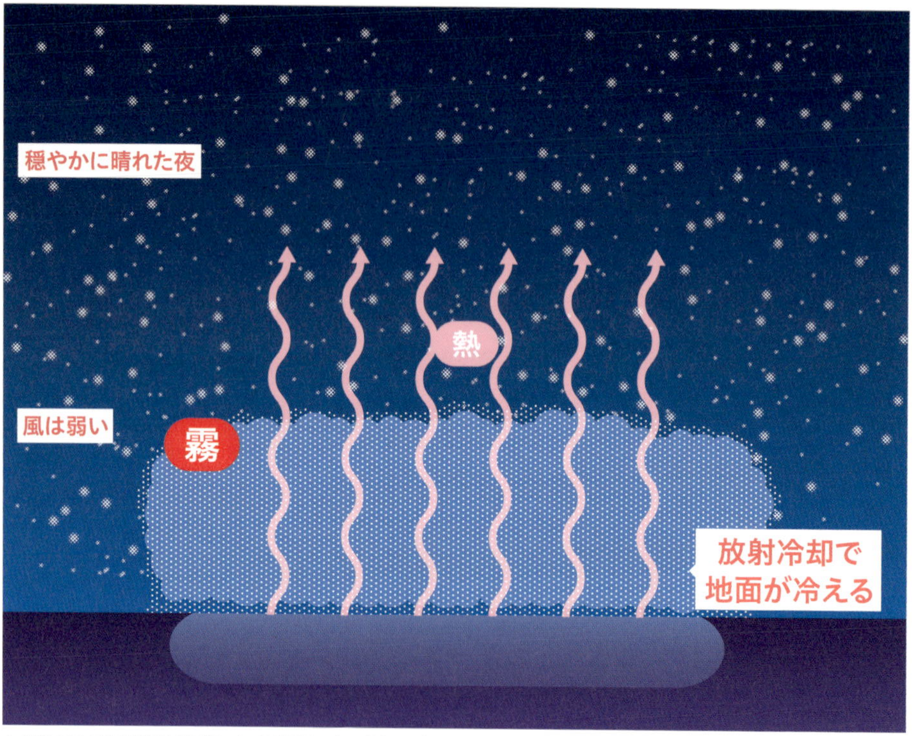

よく晴れると夜は放射冷却が起こり、翌朝はしばしば霧に見舞われる。

放射霧《ほうしやぎり》

穏やかに晴れた夜は、地面付近の熱が上空に逃げる放射冷却現象が強まるため、冷え込みが強まり、霧が発生する。盆地霧は放射霧のことが多く、秋から冬に多い。雨が降った後は湿気が多いため、夜穏やかに晴れると、濃霧になりやすい。濃霧とは、気象庁では視程が陸上でおよそ100m、海上で500m以下の霧のこと。

移流霧《いりゆうぎり》

湿った暖気が、冷たい水の上を吹き渡る時に冷やされて霧が発生する。夏の北海道太平洋沿岸の海霧や春から梅雨の瀬戸内海の海霧などは移流霧である。

蒸気霧《じようきぎり》

空気と比べると暖かい水によって蒸発した水蒸気が、流れてくる寒気によって冷やされて

● 移流霧

上：冷たい水の上で発生し、海霧の多くが移流霧。
右：真冬の海や川面に立ち上る霧は蒸気霧。

● 蒸気霧

● 前線霧

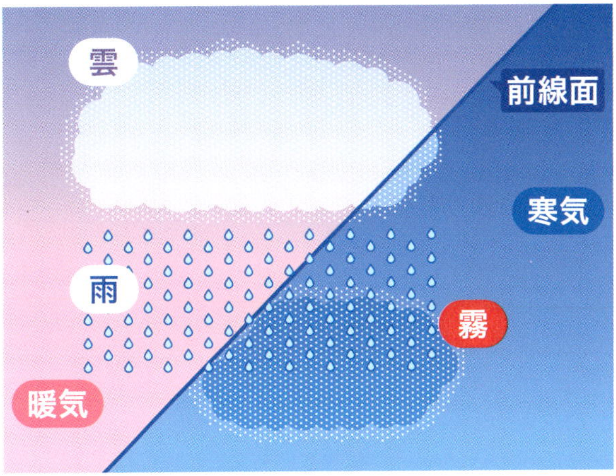

● 滑昇霧

● 混合霧

左：暖気と寒気のぶつかり合いで発生する前線霧。
右上：山霧、ガスとも呼ばれる滑昇霧。　右下：湿った暖気と寒気が交じり合って発生する混合霧。

霧が発生する。真冬の日本海などで湯気のように立ち上る霧や、川霧などが蒸気霧である。「けあらし」と呼ばれることもある。

滑昇霧《かつしようぎり》

湿った空気が山を昇り、空気が膨張し冷えるために霧が発生する。雲の発生と同じで、雲がかかっている所では霧になる。山霧やガスとも呼ばれる。

前線霧《ぜんせんぎり》

暖気と寒気がぶつかる前線面で雲が発生し、雨が降る。雨が落ちてくる間に蒸発し周りの湿度を高くするが、寒気の中を通る時には冷やされて霧が発生する。

混合霧《こんごうぎり》

湿った暖気と寒気が混じり合う時に、湿った暖気が冷やされるため、霧が発生する。

フェーン現象

山越えの高温・乾燥の風

フェーン現象は乾湿2種類

● フェーン現象のメカニズム

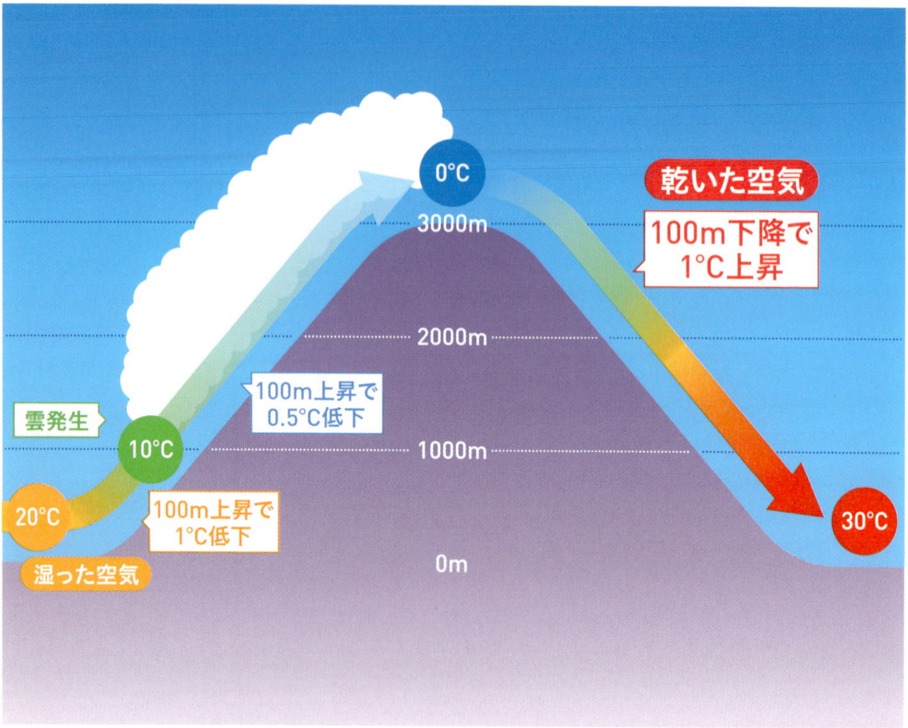

湿った空気は、山に沿って上昇すると雲が発生し熱を出す。このため風上側は気温の下がり方が小さい。雲を発生し雨を降らせた空気は乾燥するので、吹き下りる空気は気温の上がり方が大きくなる。

潜熱がフェーン現象を生む

フェーンとは、もともとはスイスやオーストリアのアルプスの麓に吹く高温で乾燥した風の名前であった。現在では広く使われ、フェーン現象とは空気が山を越えて吹き下りる時に、気温が上がり空気が乾燥する現象のことを指している。一般的なフェーン現象では、山を越える時に雲を発生させ雨を降らせる。その際、潜熱《せんねつ》(水の相が変わる時に出る熱)を出すため、頂上付近では雲が発生しない場合と比べて気温が高くなる。その後、乾いた空気が吹き下りると、地上の気温は風上より風下が高くなる。潜熱によって風下の気温が上がるため、潜熱がフェーン現象を生むともいえる。

乾いたフェーン

フェーン現象には2種類ある。湿ったフェーンと乾いたフェーンである。乾いたフェーンは

● 乾いたフェーン

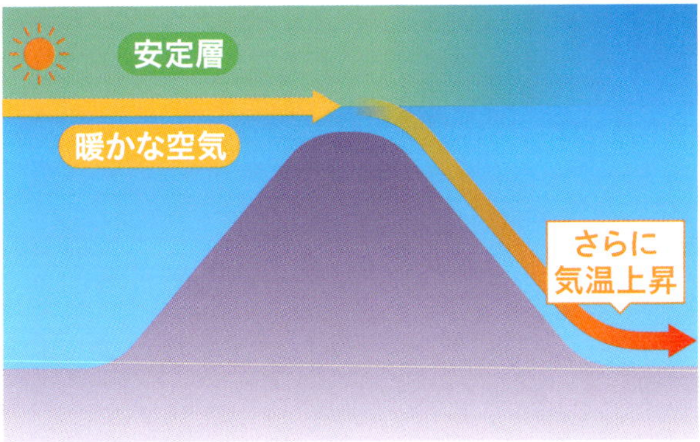

風上側で雲が発生しないフェーン。頂上付近に安定層と比較的暖かな空気がある時に起こる。安定層とは、高度が高いほど気温が高いなど、大気の状態が安定している大気の層。

● おろし（ボラ）

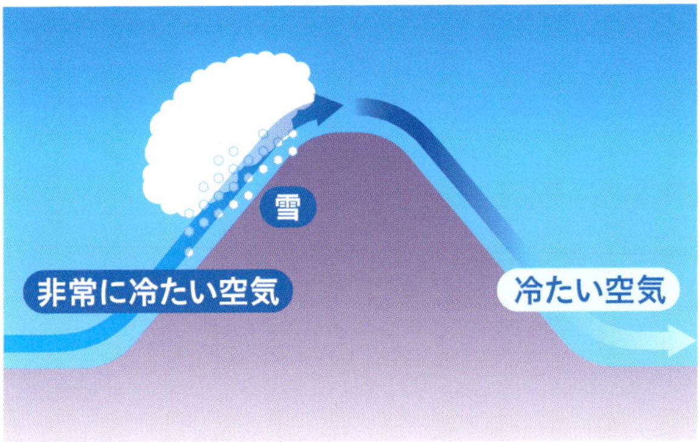

風上側に非常に冷たい空気がある時は、吹き下りる空気は風上より気温が高くなるが冷たい。

● 山形の記録的フェーン現象

最高気温の記録は、2007年8月16日、埼玉県熊谷市と岐阜県多治見市の40.9°C。それまでの記録は、山形市の1933年（昭和8年）7月25日の40.8°Cで、74年間記録を守った。その時の天気図は、日本海に台風があり、日本海沿岸では南西風が強まり、フェーン現象が起きた。

風上で雲の発生がなく、風下で高温・乾燥になる風である。乾いたフェーンが発生する時は、頂上付近に高度が高いほど気温が高いなど安定層がある場合で、頂上付近の比較的暖かな空気が吹き下りてくると、地上付近で高温・乾燥するようになる。

山越えの冷たい風はおろし（ボラ）

山越えの風の中で、高温のフェーンとは反対に、冷たい風のことを「おろし」や「ボラ」と呼ぶ。

「おろし」は、風上側に非常に冷たい空気がある時に起こる。非常に冷たい空気も、山を越える時に雲を発生し雪を降らせて吹き下りると、風上より風下の方が気温が高くなる。しかし、もともと非常に冷たい空気であったため、気温が高くなっても、風下でも冷たい風なのである。

Column

十種雲形

● 十種雲形

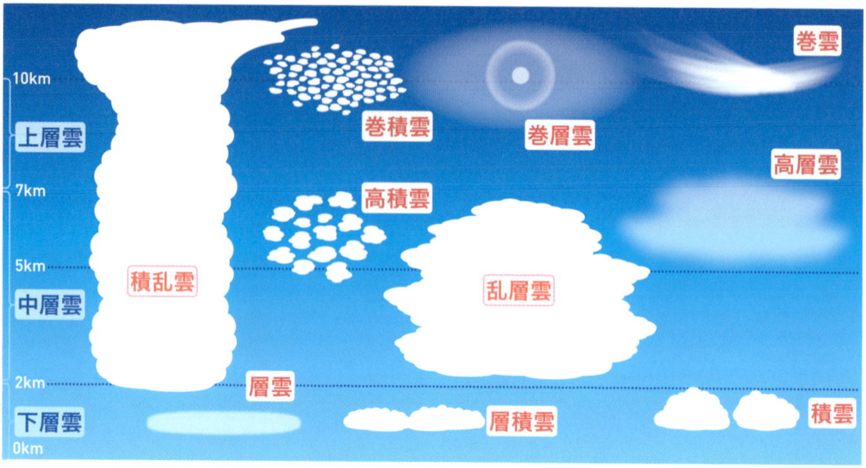

雲は横に広がる層状雲と縦に発達する積雲・積乱雲の2つに大きく分けられる。さらに雲が発生する高さによって上層雲（約7～10km）、中層雲（約2～7km）、下層雲（地面付近～約2km）に分けられる。雲は形と発生する高さによって国際的に決められた10種類に分けられ、これは十種雲形と呼ばれる。

上層雲

- **巻雲（別名すじ雲）**――繊維状をした繊細な雲で、羽毛状やかぎ状、すじ状の形が多い。
- **巻積雲（別名うろこ雲・いわし雲）**――小さな雲のかたまりが一面に広がり、さざ波やうろこのような形になる。
- **巻層雲（別名うす雲）**――白く薄いベールのような雲で、日暈《ひがさ》や月暈《つきがさ》が発生することもある。

中層雲

- **高積雲（別名ひつじ雲）**――雲のかたまりがまだら状に並ぶ。巻積雲よりかたまりが大きいが、高さは低い。
- **高層雲（別名おぼろ雲）**――灰色の層状の雲で、全天を覆うことが多い。薄い時は太陽がぼんやりと見える。
- **乱層雲（別名あま雲）**――どんよりとした灰色の層状の雲で、全天を覆い雨や雪を降らせることが多い。

下層雲

- **層積雲（別名うね雲）**――大きなかたまりの雲が集まり、ロール状やうねのような雲がたくさん並んだ雲。
- **層雲（別名霧雲）**――低い所に層状に広がる灰色の雲。地面に着けば霧になる。
- **積雲（別名わた雲）**――わたのような雲だが、発達して積乱雲一歩手前の「雄大積雲」になることもある。
- **積乱雲（入道雲）**―縦方向に上層まで発達した雲で、雲頂の一部は輪郭がほつれるか毛状の形をしている。

第4章

天気図
見る・読む

気象、天気を知るには天気図がベースです。
天気記号を覚え、地上天気図と高層天気図の見方を学んで、
異常気象を天気図で読み解くことにチャレンジ。

天気図の見方

天気図から天気・風を感じ取る

● **天気図**（日本式）

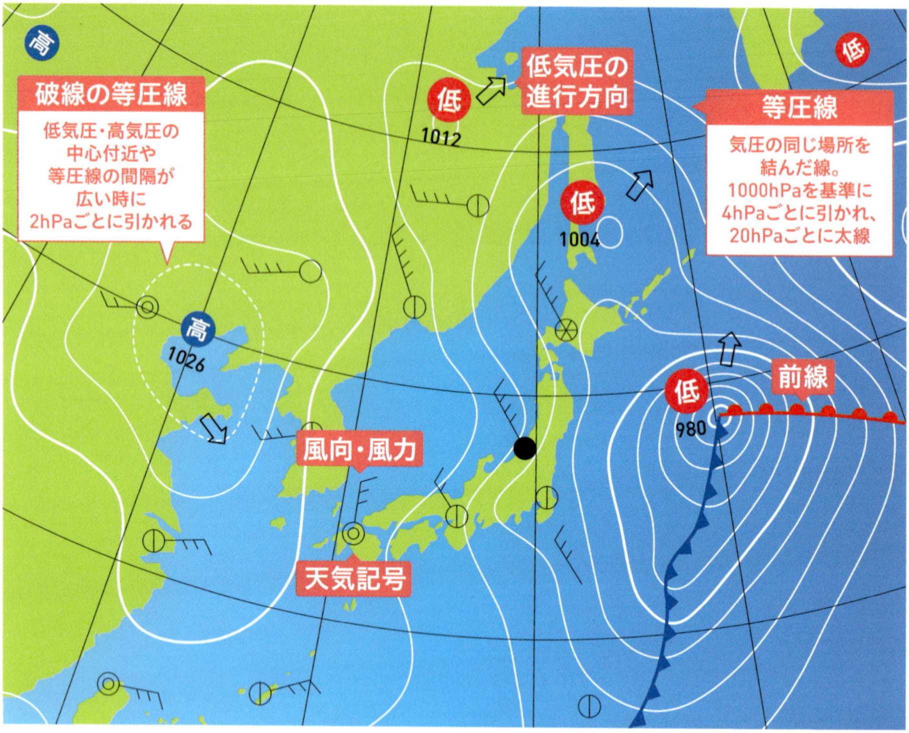

天気図には多くの情報が入っている。この天気図の場合、天気は札幌が雪、新潟は雨で、東京と大阪は晴れである。気圧配置は西高東低の冬型で、日本海側で雪や雨が降り、太平洋側は晴れていることがわかる。

天気図を読み解く

テレビや新聞などの天気予報には天気図が使われている。天気図にはさまざまな情報が入っているので、天気図が読み解けるようになると、天気や風の流れを感じることができ、予測もある程度できるようになる。

一般的には、高気圧に覆われると晴れやすく、低気圧や前線が近づくと雨や雪が降りやすい。等圧線は気圧の同じ場所を結んだ線で、等圧線の間隔が狭くなると風が強く吹く。

日本付近の上空には偏西風が吹いているので、雲は西から東へ流れることが多く、明日の日本の天気を考えるには、日本の西の中国の天気を見ておくとよい。さらに前日などの天気図と見比べるとことによって、低気圧の進路や発達の度合いなどがわかるようになる。過去から現在がわかると、ある程度明日の予測もできるようになる。

● 天気図の記号（日本式）

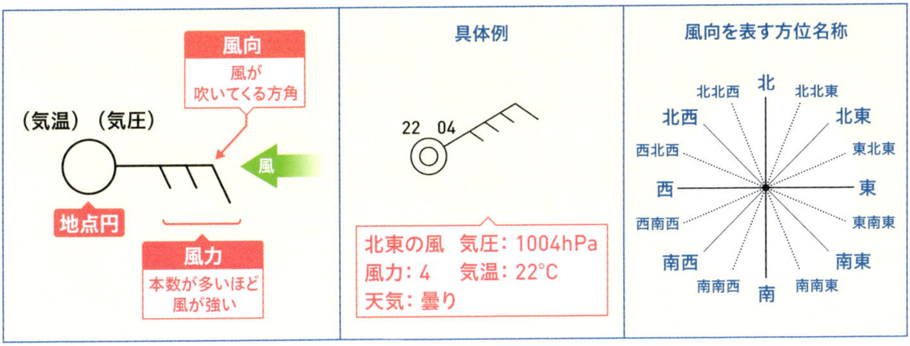

● 風力階級（日本式）

風力階級	記号	風速(m/s)	陸上の状態
0		0.0〜0.2	静穏。煙は真っすぐに昇る
1		0.3〜1.5	風向きは煙がなびくのでわかるが、風見には感じない
2		1.6〜3.3	顔に風を感じる。木の葉が動く。風見も動き出す
3		3.4〜5.4	木の葉や細かい小枝が絶えず動く。軽く旗が開く
4		5.5〜7.9	砂埃が立ち、紙片が舞い上がる。小枝が動く
5		8.0〜10.7	葉のある潅木が揺れ始める。池や沼の水面に波頭が立つ
6		10.8〜13.8	大枝が動く。電線が鳴る。傘は差しにくい
7		13.9〜17.1	樹木全体が揺れる。風に向かっては歩きにくい
8		17.2〜20.7	小枝が折れる。風に向かっては歩けない
9		20.8〜24.4	人家にわずかの損害が起こる
10		24.5〜28.4	陸地の内部では珍しい。樹木が根こそぎ倒れる。人家に大損害が起こる
11		28.5〜32.6	めったに起こらない。広い範囲の破壊を伴う
12		32.7以上	海上は泡としぶきが充満し、海面は完全に白くなる

一般に風速は10分間の平均風速で表され、風力は風速によって0から12までの13階級に分けられる。熱帯低気圧が風力8以上になると台風になる。

天気図の記号（日本式）

観測地点には地点円が置かれ、その中に天気記号が示される。風は地点円に向かって風向の線が延び、その線に矢羽根と呼ばれる風力を表す線が付けられる。風向とは風の吹いてくる方向のことで、吹いていく方向ではない。風向は北から時計回りに北北東、北東、東北東…と16方位で表される。

さらに詳しい天気図では、地点円の左上に気温、右上に気圧が付けられる。

気圧は1020hPa《ヘクトパスカル》や980hPaなど、1000hPa前後のことが多いために、下2桁のみで示される。20であれば1020hPa、80であれば980hPaになる。

風の呼び方で、南寄りの風とは、風向が南を中心に、南東から南西の範囲でばらついている風を示している。○寄りの風の○には東、西、南、北の4方向のみが使われる。

天気図―❷

天気記号は21種類

日本式天気記号

●日本式天気記号

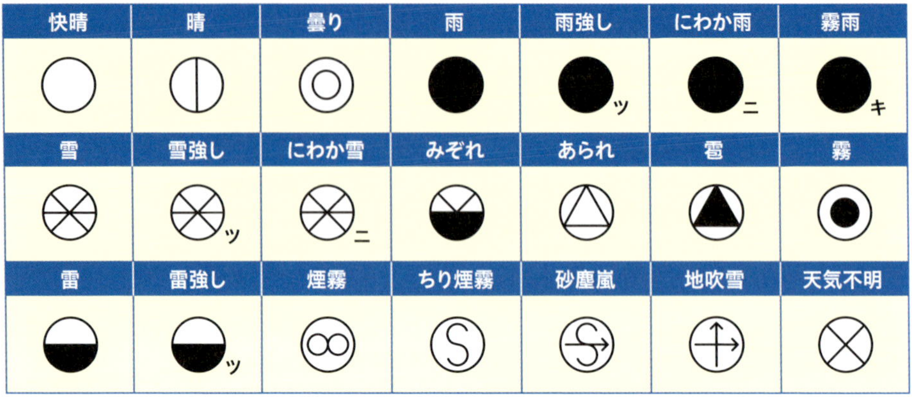

●前線の記号

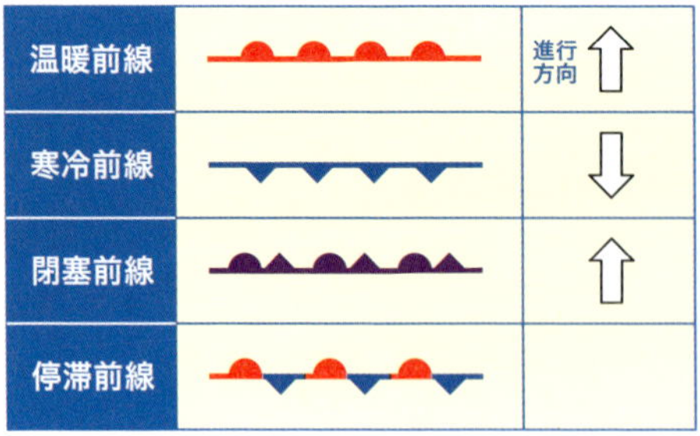

●高気圧・低気圧の記号

高気圧	高	H
低気圧	低	L
熱帯低気圧	熱低	TD
台風	台	T

日本式の天気記号は全部で21種類。雨、雪、雷にはそれぞれ右下に「ツ」と表記し「強し」の記号がある。雨にはそのほか、にわか雨や霧雨の記号もある。みぞれは雨と雪が同時に降る現象なので、上半分が雪、下半分が雨の記号の組み合わせ。

天気記号

快晴：雲量（雲のない時を0、空がすべて雲に覆われる時を10）が1以下の状態。晴れ：雲量が2以上8以下の状態。曇り：雲量が9以上の状態。晴れの範囲は広く、空が8割雲に覆われていても晴れである。

前線は4種類

前線の種類は4種類で、温暖前線、寒冷前線、閉塞前線、停滞前線である。前線の進行は、三角または半円が出ている方向へ進む。

高気圧・低気圧の記号

高気圧・低気圧の記号は上図のように示し、高気圧は青色、低気圧は赤色である。記号の下にはそれぞれ中心気圧の数字が示されるが、ほかの記号などの関係で下でないこともある。

● 国際式天気図は情報がぎっしり

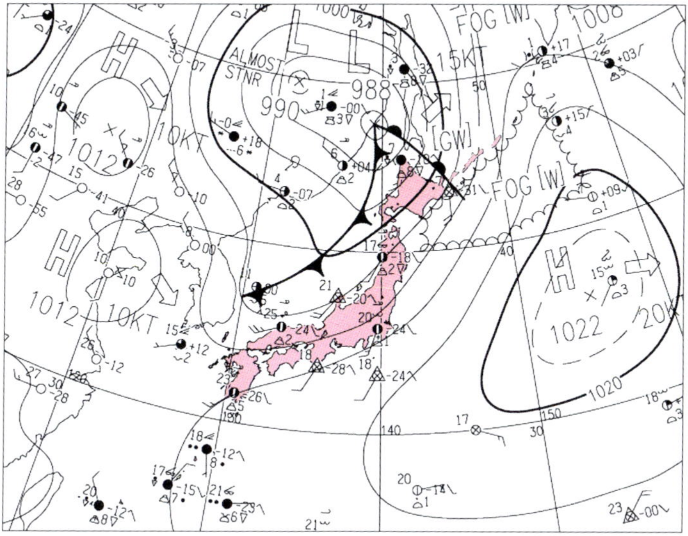

国際式天気図には多くの情報が詰められている。この天気図では、低気圧が北海道の北へ進み、稚内で雨が降っている。東京は雲量9の曇り空で、下層に積雲、中層に高積雲、上層に巻雲が観測されている。

● 国際式天気記号

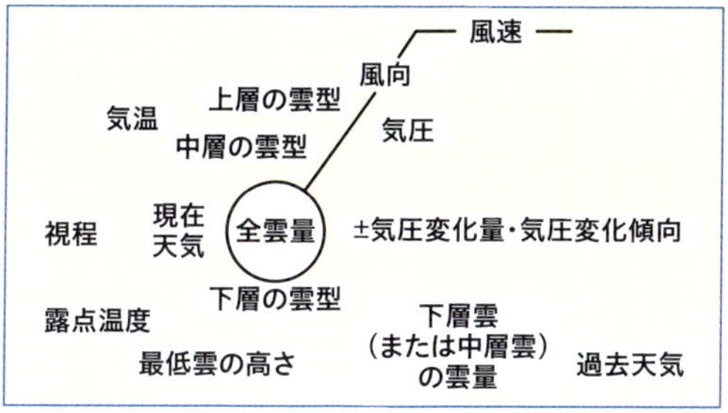

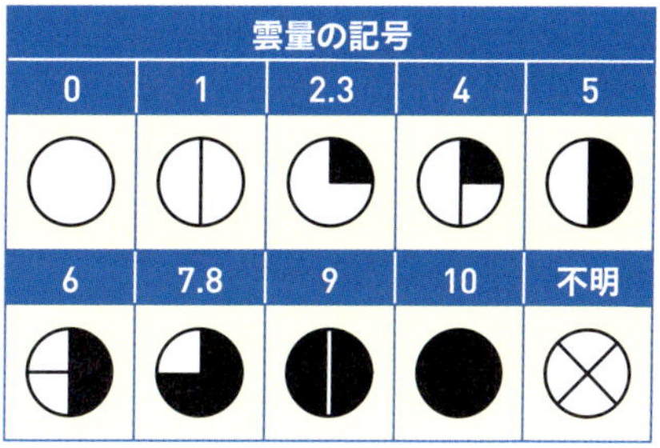

国際式天気図内にはさまざまな情報がぎっしり詰め込まれている。地点円には雲量が示され、地点円の左に現在天気、右に気圧変化傾向、下に下層の雲型、上に中層の雲型など、示される位置によって要素が異なり、多くの情報を表示している。

国際式天気図

気象予報業務で使用される天気図は、国内外で使用されるため、世界的に統一された国際式天気記号が使われている。

日本式天気図での天気、気温、風向・風速以外にも、上層雲、中層雲、下層雲の雲の形や雲量、気圧の変化量や変化傾向、それに過去の天気などさまざまな情報が詰まっている。

天気予報をするうえで、現在の気象状況を把握することが第一であるが、この国際式天気図をきちんと読み解けるようになると、これ1枚で気象状況の多くのことがわかるようになる。

地点円には日本式では現在天気が表示されていたが、国際式は雲量の記号が示されている。雲量0は白丸、雲量1は縦線一本、雲量5は右半円が黒、雲量10は黒丸になる。現在天気は地点円の左に表記される。

天気図―❸

高層天気図

上空の天気図で気象を立体的に見る

● 色々な高さの天気図

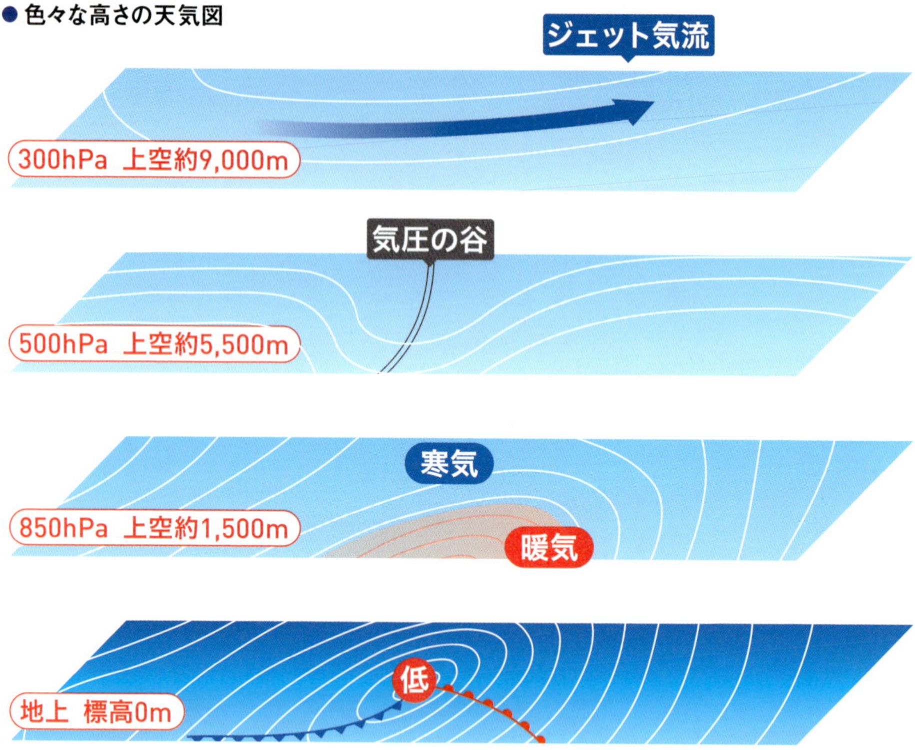

さまざまな高さの天気図を組み合わせて、大気の流れを立体的に見ていくことが大切である。それぞれの高さではポイントとなる要素が変わり、300hPaではジェット気流、500hPaでは気圧の谷、850hPaでは前線になる。

高層天気図の見方

大気は常に止まることなく動いている。空を眺めると、止まっているように見える雲も少しずつ形を変えて動いていることがわかる。空気が上昇すれば雲ができやすく、下降すれば雲は消えやすい。このため天気を考えるには、地上から上空までの空気の動きを考えておかなければならない。テレビや新聞などに出ている天気図は、標高0mでの天気図である。上空までを考えるには、上空の天気図、高層天気図も使い立体的に見ていかなくてはならない。

今回は、高層天気図のポイントとなる3つの高さの高層天気図を見ていく。ひとつ目は高層天気図の代表である500hPa《ヘクトパスカル》（約5,500m）で気圧の谷などをチェックする。次に300hPa（約9,000m）でジェット気流を見る。最後に850hPa（約1,500m）では、暖気と寒気の

● 2012年4月3日9時の500hPa天気図

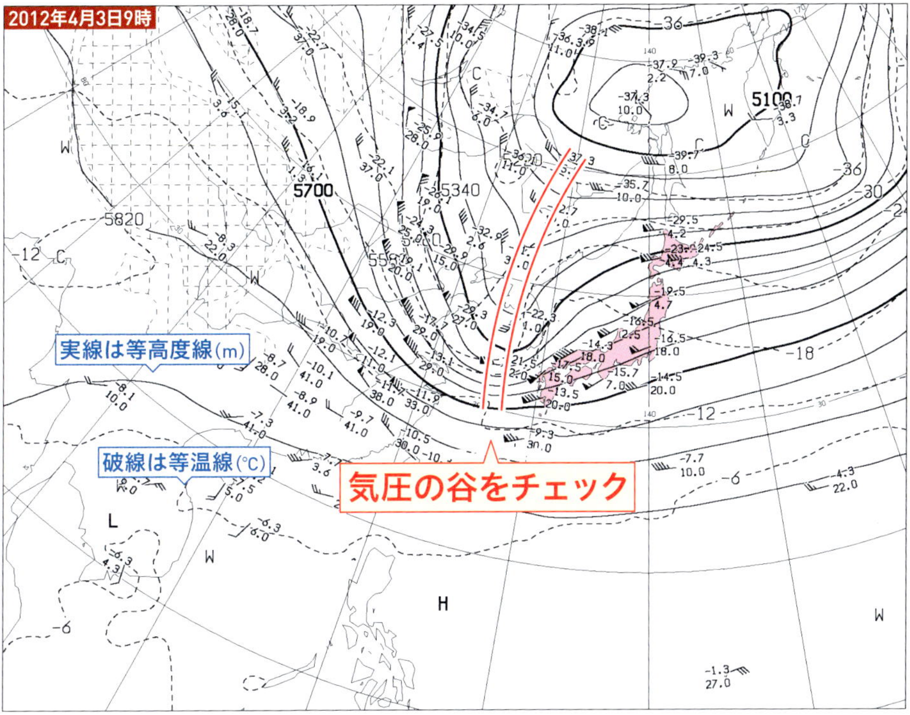

この図は低気圧が日本海で急速に発達した時で、気圧の谷が日本海に近づき低気圧が発達することがわかる。気圧の谷・尾根以外に、上空の寒気を見るのに最適なのがこの500hPaである。夏のゲリラ豪雨や冬の大雪など、寒気によって引き起こされる激しい現象を予測するには、500hPaの寒気を把握することが大切である。

ぶつかり合いから前線を見る。

高層天気図の代表500hPa

高層天気図の代表というと500hPaである。500hPaの高さは約5,500mで、雲のできる対流圏は約10,000mなので、そのちょうど半分である。真ん中である500hPaは高層天気図の代表となり、天気の変化にとても影響力がある大切な高さである。

気圧の谷か尾根か？

500hPaでまず見るのが、気圧の谷や尾根の位置である。等高度線が南側に垂れ下がっているような所は、気圧が周りと比べて低く、気圧の谷にあたる。気圧の谷が接近すると、天気が崩れることが多い。逆に北側に盛り上がっているような所は、周りと比べて気圧が高く気圧の尾根になる。気圧の尾根に入ると、天気が回復することが多い。

天気図—④

ジェット気流と前線をチェック

300hPaと850hPaの活用

● 2013年2月20日9時の300hPa天気図（上空約9,000m）

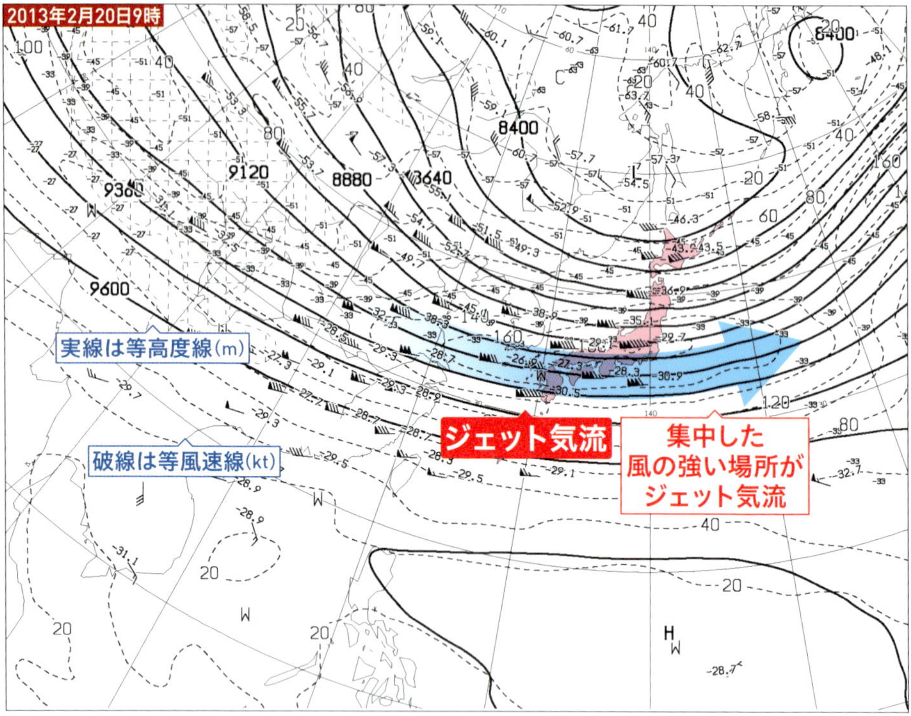

等高度線は9,600mを基準にして120m間隔で引かれている。高圧部の中心付近にはH、低圧部の中心付近にはLが書かれている。等風速線は20kt間隔で引かれている。代表地点では気温・風向・風速の観測値が示されている。

300hPa天気図

300hPaは上空約9,000mで、200hPaや250hPaとともにジェット気流を見るのに最適な高さである。上図は2013年2月20日の9時で、風速は西日本から東日本付近で160ノット（時速約300km）を超え、200ノット（時速約370km）近くに達している所もある。ジェット気流は西寄りの風で冬強く、夏は弱まる性質がある。なお、1ノットは1海里/hの速さ。

飛行機がちょうどこのような高さを飛ぶ。東へ飛ぶ時は強い風が追い風になって速くなり、西の方へ飛ぶ時は強い風に逆らうために遅くなる。実際、東京～ニューヨーク間の冬場の所要時間を見ると、東京からニューヨークへは約12時間半、ニューヨークから東京へは約14時間で、東京からニューヨークに行く方が、西からの風を受けて1時間半も早く着くのである。

● **850hPaの相当温位と風の予想**（上空約1,500m）

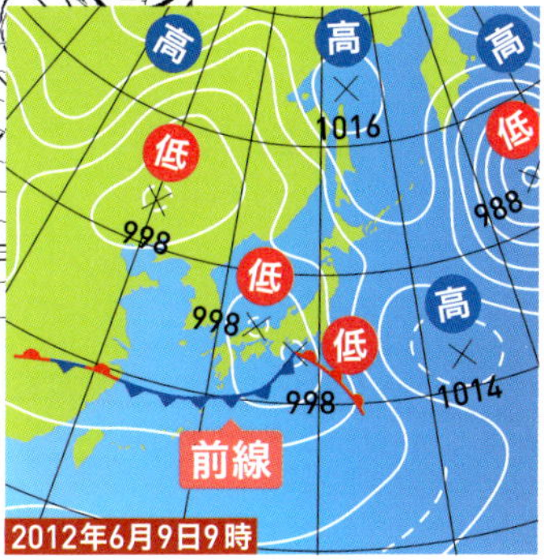

上図は850hPaの相当温位と風の予想を表したもので、この日は関東甲信、北陸、東北で梅雨入りした。地上天気図では西日本から東日本の太平洋沿岸に前線が延び、上図も西日本から東日本の太平洋沿岸に線の込んだ所があり、前線があることがわかる。また相当温位は330を超えると激しい雨が降りやすくなる。

850hPa天気図で前線チェック

850hPaの高さは1,500m付近で、高層天気図の中ではもっとも低い天気図である。

このぐらいの高さになると、地表面の摩擦などの影響がなくなり、空気と空気のぶつかり合いがわかりやすく、前線を見るのに適している。等温線や等相当温位線が込んでいる所に前線があることが多い。相当温位は、暖かく湿った空気かどうかがわかり、気温が高く湿っているほど数値が高くなる。数値が高いほど強い雨が降りやすい。

高層天気図は、ある気圧での同じ高さを結んだ等高度線で示される。等高度線が低い所は周りと比べて気圧が低く、等高度線の高い所は周りと比べて気圧が高いために、高さの高低がそのまま、気圧の高低を表している。

等高度線は、観測できない空気の密度を考えず、計算もしやすいので使用されている。

天気図—⑤

異常気象を天気図で読み解く

相当温位340K以上が豪雨をもたらす

● **平成24年7月九州北部豪雨 850hPa予想天気図**（2012年7月12日9時）

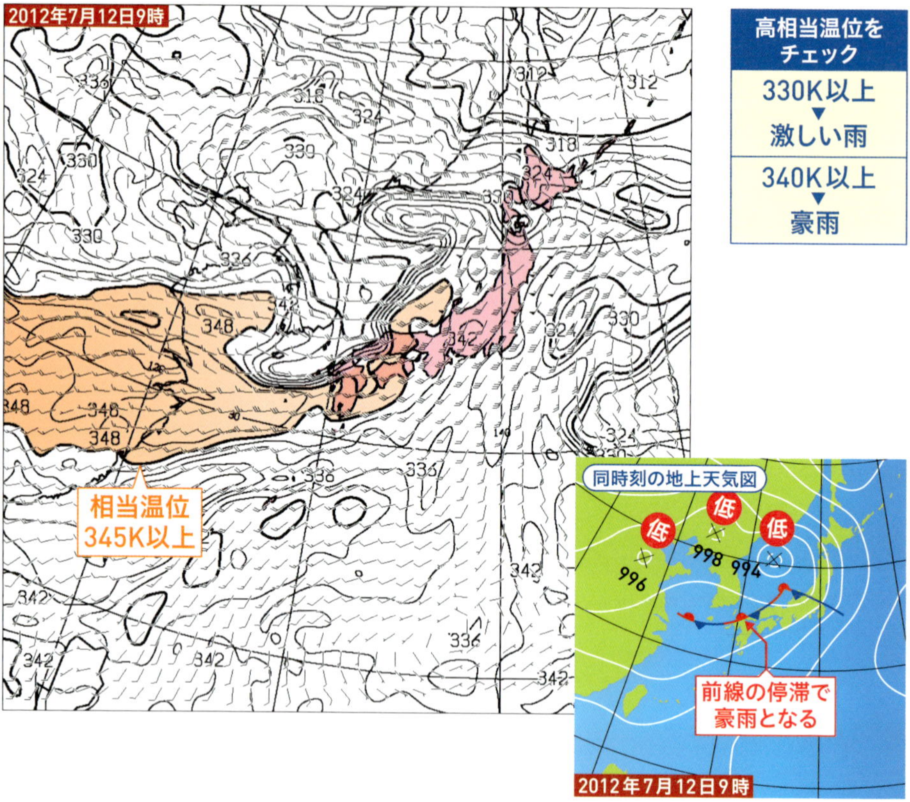

高相当温位をチェック
330K以上 ▼ 激しい雨
340K以上 ▼ 豪雨

九州北部豪雨を読み解く

平成24年7月、九州北部豪雨の時の850hPa（1,500m付近）の相当温位と風の予想を見てみる。

7月12日9時の予想で、九州付近には345K以上の相当温位の空気が流れ込んでいることがわかる。一般に330Kを超えると激しい雨が降りやすいが、それを大きく上回る暖かく湿った空気が流れ込んでいることがわかる。

ただ暖かく湿った空気だけでは雨は降らない。加えて必要なのは上昇気流である。この時は日本海沿岸に梅雨前線が停滞し、前線の南、100〜200km付近で上昇気流が発生して豪雨になった。

相当温位が高いほど、雨粒のもととなる水蒸気が多いことを示している。さらにはこうした下層に相当温位が高い空気が流れ込むと、暖かな空気であるために大気の状態が不安

● 2008年8月 東京ゲリラ豪雨
850hPaの予想天気図(2008年8月5日9時)

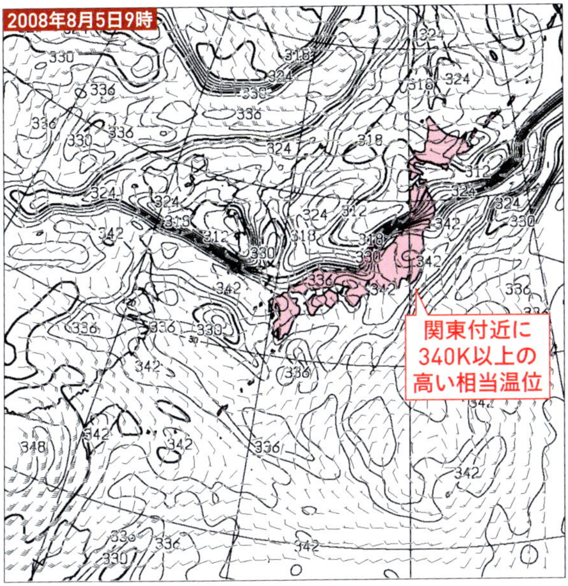

● 相当温位

相当温位はどれだけ暖かく湿った空気であるかを表している。空気Aを上昇させると冷えて水滴が発生し、熱が出されて空気が暖められる。さらに上昇して水滴がすべて発生した後は空気が乾燥する。その乾燥した空気を1000hPaまで下降させた時の温度T_Bが相当温位になる。空気Aをそのまま1000hPaまで下降させた時の温度をT_Cとすると、T_BはT_Cより高くなる。相当温位は絶対温度で表されて単位はK。0°Cは273Kである。

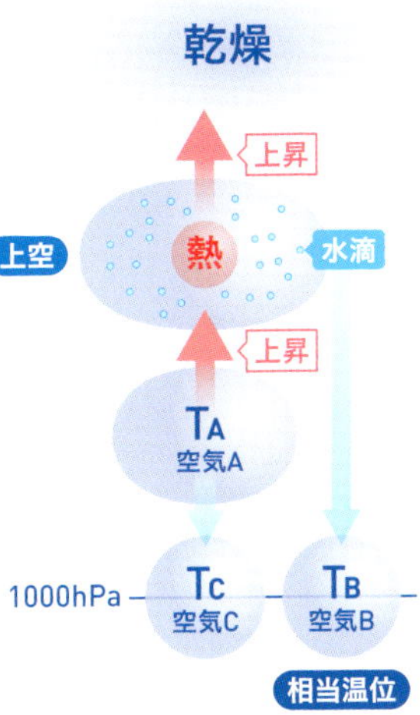

定になり、激しい雨を降らせる積乱雲が発生しやすいのである。

東京の下水管事故を読み解く

2008年8月5日、東京でゲリラ豪雨が起こった日(⇒P015)の予測された850hPaの相当温位を見てみる。関東付近には340K以上の非常に暖かく湿った空気が流れ込んでいることが分かる。

地上天気図を見ると、関東の沿岸には前線が停滞しており、上昇気流が発生しやすい状態であったことも予測できる。これらのことから、激しい雨が降りやすい状態であったことがわかる。

九州北部豪雨も、ゲリラ豪雨も、相当温位340K以上で発生しており、こうした空気が流れ込んだ時は、豪雨に対する注意が必要である。

天気図—❻

猛暑と大雪を500hPa天気図で読み解く

5,940mの高気圧に広く覆われると猛暑に

● 猛暑 500hPa天気図（2010年8月6日9時）

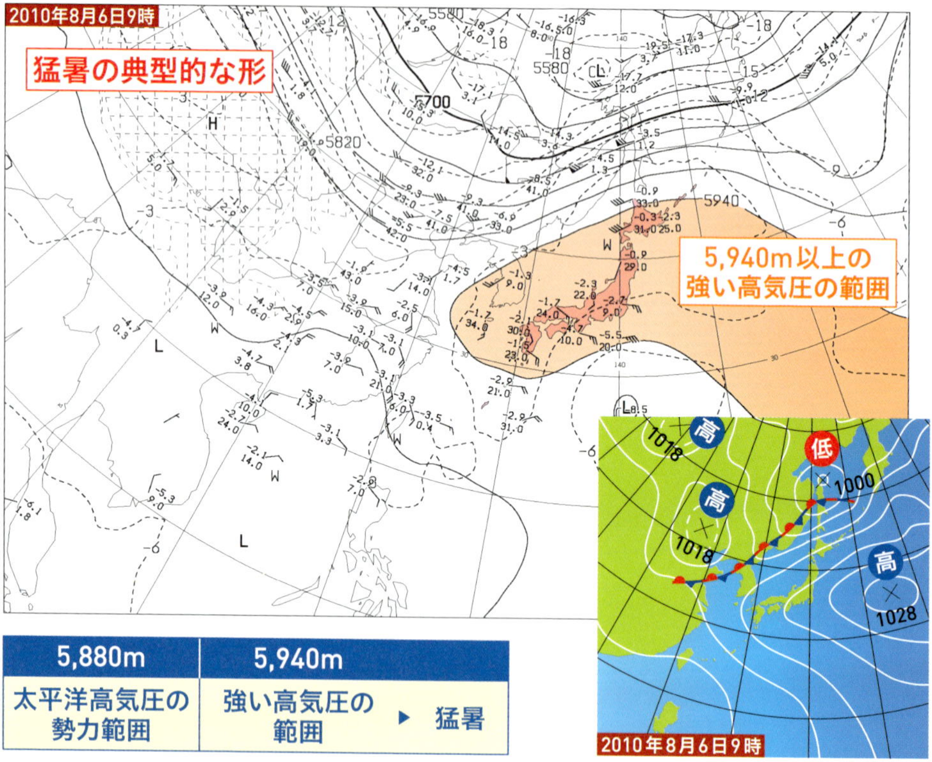

5,880m	5,940m	
太平洋高気圧の勢力範囲	強い高気圧の範囲	▶ 猛暑

猛暑をもたらす高気圧

2010年8月6日は、この年最多の842カ所で真夏日（最高気温30℃以上）を観測、また全国179カ所で猛暑日（最高気温35℃以上）を観測した。

この日の地上天気図を見ると夏の典型的な形で、本州付近は夏の高気圧に広く覆われている。しかし500hPaの天気図では、等高度線5,940mの高気圧に日本列島が広く覆われていることがわかる。一般に太平洋高気圧を表すのは5,880mと言われて、夏の高気圧の勢力範囲をこの高度でチェックすることが多い。この日は大陸まで5,880mの範囲が広がり、日本列島はさらに強い高気圧に広く覆われている。このように5,880mを超える高気圧が覆っている時は、勢力の強い高気圧に覆われているので、日本列島は猛暑になりやすい。

● 大雪 500hPa天気図（2012年2月17日21時）

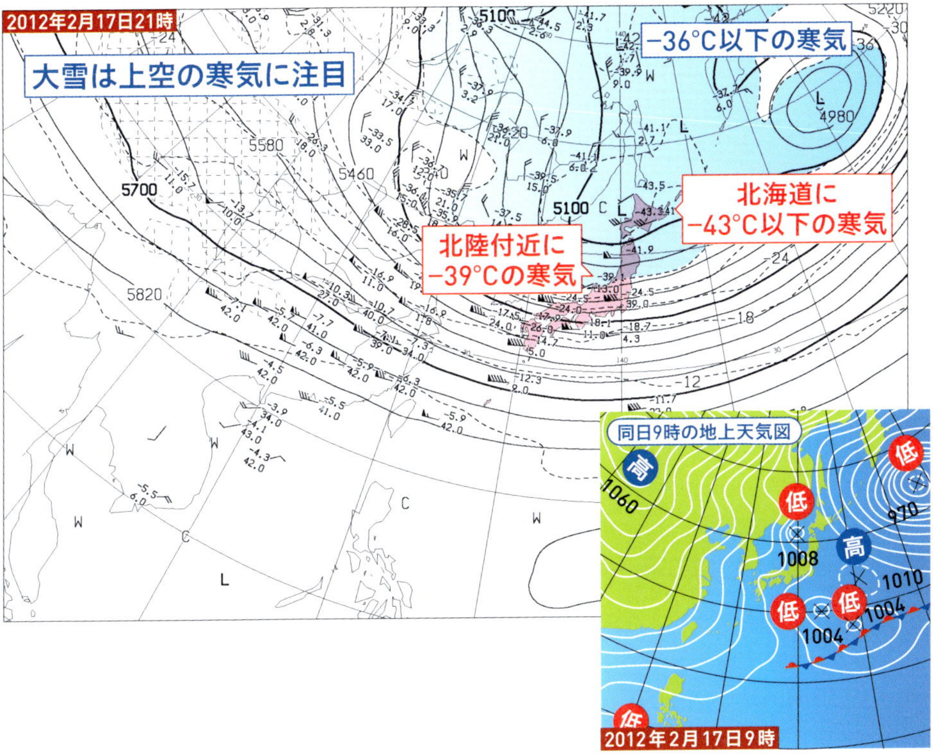

−35°C以下の寒気で大雪に

猛暑の時は500hPaの等高度線に注目したが、大雪の時は500hPaの等温線に注目する。上図の2012年2月17日を見ると、−36°Cの等温線が北陸付近まで南に下がっている。さらに石川県輪島市の上空では−39°Cの寒気が観測され、北海道の上空では、−43°C以下の寒気が観測されている。一般に−35°C以下の寒気で大雪になりやすいと言われ、大雪をもたらす寒気が流れ込んでいることがわかる。

この日の地上天気図を見ると、西高東低の冬型の気圧配置であるが、日本海で等圧線にふくらみがある。このような所には小さな低気圧や前線が隠れていることがあり、平地でも大雪になる可能性がある。この日は一日で富山市では54cm、新潟市は48cmの大雪に見舞われた。

Column

天気図の発表時刻

● 速報天気図

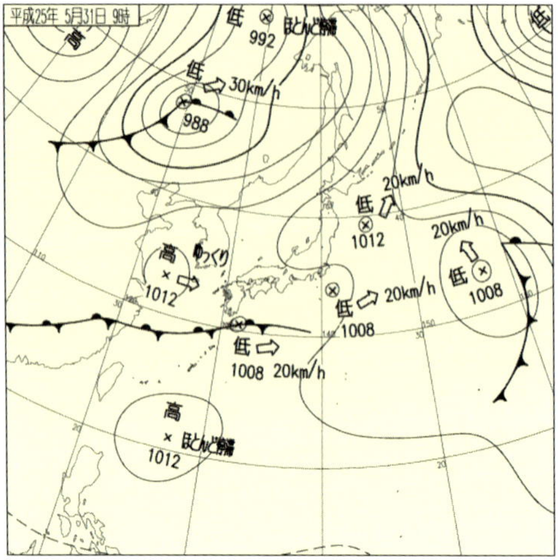

1日7回の観測データを基に観測時刻の約2時間10分後に発表。

● 予想天気図

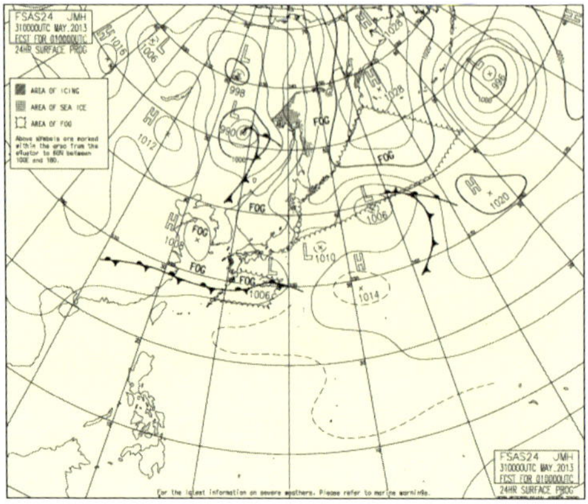

9時と21時の観測に基づく24時間後と48時間後の予想天気図を1日2回発表。

実況天気図は3時間ごと、観測時刻の約2時間10分後に発表

気象庁では、実況天気図、予想天気図、高層天気図などいろいろな天気図を作成している。

テレビの解説などで使われる天気図は、実況天気図（速報天気図）である。

速報天気図は、3時間ごとに1日7回（3時、6時、9時、12時、15時、18時、21時 ）の観測データを基に解析を行い、観測時刻の約2時間10分後に発表される。例えば9時の速報天気図は、11時10分頃に発表される。

気象庁天気図

気象庁は速報天気図を発表した後にも船舶や極軌道衛星などから観測データを収集している。これらの発表後のデータも含めて、気象庁では解析をやり直して、最終的な気象庁天気図を作成している。

予想天気図は1日2回発表

9時と21時の観測を基に観測時刻から24時間後と48時間後の予想天気図が作成されている。9時の24時間後予想は15時頃、48時間後予想は17時頃に発表される（21時の予想は、それぞれ翌日の4時頃と6時頃に発表）。

上記の実況天気図、予想天気図はいずれも気象庁のホームページで見ることができる。

第5章

気象予報 見方と実践

天気予報も、今日の天気から長期予報までさまざま。
公表されている衛星画像や気象レーダーを活用すれば、
自分で情報を利用して、天気予報にチャレンジすることも可能です。

天気予報のしくみ

膨大なデータが天気予報の基

● 天気予報のできるまで

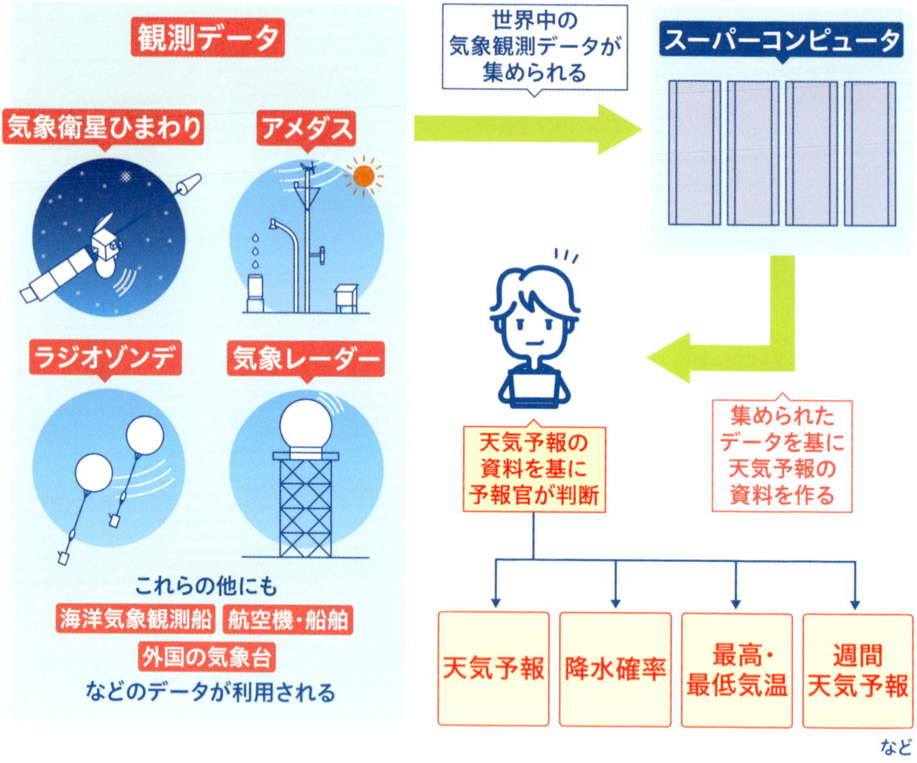

天気予報のできるまで

天気予報で大切な基本は観測で、現在の大気の状態を正しく把握しなければならない。地上での観測、気象衛星を使った宇宙からの観測、ゴム気球を使った上空の観測など、さまざまな場所、角度から観測が行われている。

次に数値予報である。世界中の膨大な観測データが、スーパーコンピュータに入れられて、将来の大気の状態を物理法則に従って計算されている。その数値予報の結果を基に、予報官や予報士が判断をして、最終的に天気予報が出される。

数値予報

数値予報とは、観測で得られた気圧、気温、風などのデータから物理学の方程式を使ってコンピュータで計算し、将来の大気の状態を予測する方法である。

数値予報

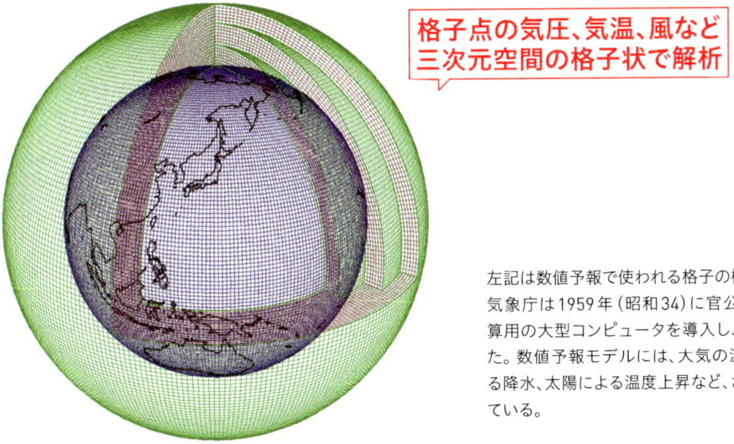

左記は数値予報で使われる格子の概念図である。
気象庁は1959年（昭和34）に官公庁として初めて科学計算用の大型コンピュータを導入し、数値予報業務を開始した。数値予報モデルには、大気の流れ、水蒸気の凝結による降水、太陽による温度上昇など、さまざまな物理式が入っている。

気象庁の主な数値予報モデル

予報モデルの種類	モデルを用いて発表する予報	予報領域と水平解像度	予報期間
メソモデル	防災気象情報	日本周辺 5km	～33時間
全球モデル	分布予報、時系列予報、府県天気予報 台風予報 週間天気予報	地球全体 20km	～9日間
台風アンサンブル予報モデル	台風予報	地球全体 60km	5日間
週間アンサンブル予報モデル	週間天気予報	地球全体 60km	9日間
1か月アンサンブル予報モデル	異常天候早期警戒情報、1か月予報	地球全体 110km	～1カ月
3か月・暖寒候期アンサンブル予報モデル	3か月予報、暖寒候期予報	地球全体 180km	～7カ月

格子の大きさが大きくなるほど予報期間が長くなる。予報期間は、5km格子のメソモデルでは33時間であるが、20km格子の全球モデルでは9日間、110km格子の1カ月アンサンブル予報モデルでは1カ月になる。

数値予報は、まずコンピュータで扱いやすいように、大気を規則正しく並んだ三次元空間の格子状に分け、格子点の気圧、気温、風などの値を求める。この不規則な分布の観測データから格子状の規則的な大気の状態を与えることを客観解析と言う。

客観解析のデータを基に未来の大気の状態をコンピュータで計算する。この計算に用いるプログラムを「数値予報モデル」と言う。

6つの数値予報モデル

現在、気象庁で天気予報や季節予報で使用しているモデルは上表の6つである。予測できる気象現象は、モデルの格子間隔で決まり、およそ格子間隔の5～8倍と言われている。

このため、予測できる気象現象は、5km格子のメソモデルでは約30km以上、20km格子の全球モデルでは、約100km以上になる。

天気予報―②

気象観測

天気予報を支えるさまざまな観測

● 世界の気象衛星

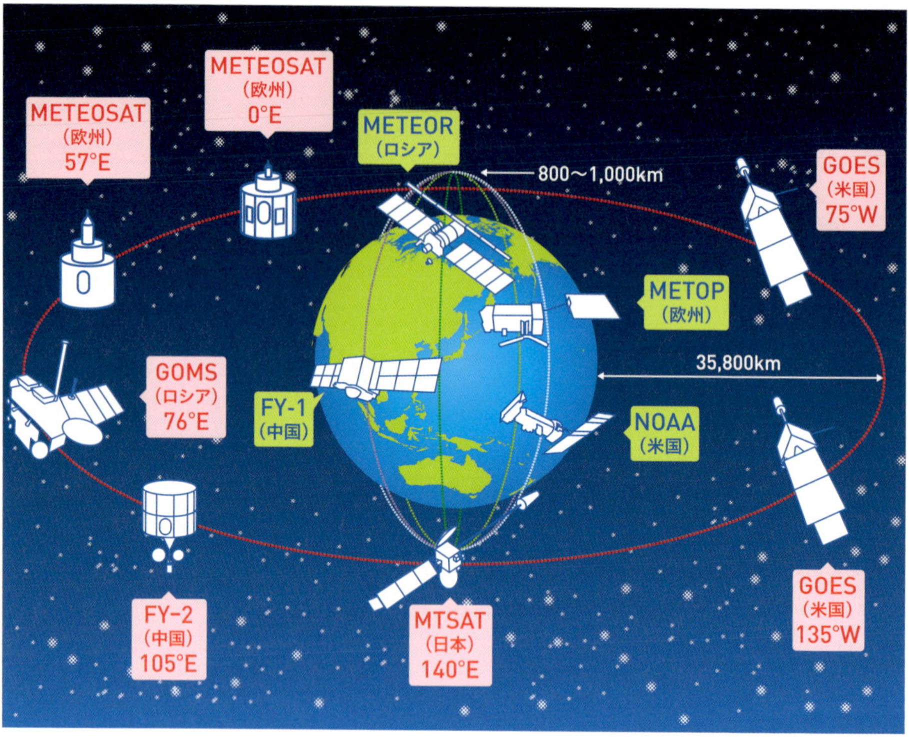

世界の気象衛星

世界気象機関（WMO）では、図のような静止気象衛星と極軌道気象衛星から構成される、世界気象衛星観測網を展開している。

静止気象衛星は、赤道上を地球の自転周期と同じ速度で回る衛星で、地球から見ると常に同じ場所で静止している。また、極軌道衛星は、低い高度を短い周期で南北に回り、地球上の全表面を観測することができる。

地上気象観測

地上気象観測は、気象観測の中で最も基本的な観測である。日本には世界でも有数のきめ細かい観測を行うアメダス（地域気象観測システム）がある。

雨や雪の降水量の観測点は全国で約1,300カ所あり、約17km四方に1カ所設置されている。このうち約840カ所では、降水量以外に風向・風速、気温、日照時間も観測し

● ウィンドプロファイラ

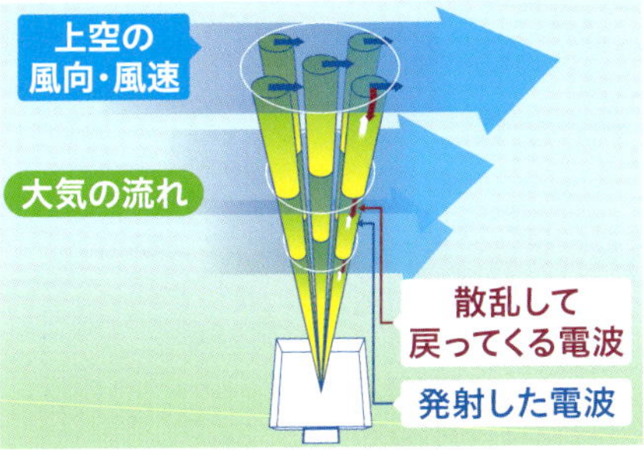

ウィンドプロファイラは、地上から上空に向けて電波を発射し、大気中の風の乱れなどによって散乱され戻ってくる電波を受信して、上空の風向風速を測定する装置である。全国に33カ所あり、上空の風を高度300mごとに、10分間隔で観測している。観測できる高さは、大気の状態などによって変わるが、降水のない時には上空約3〜6kmまで、降雨時には上空約7〜9kmまで観測できる。

● アメダス観測網 (平成24年4月1日現在)

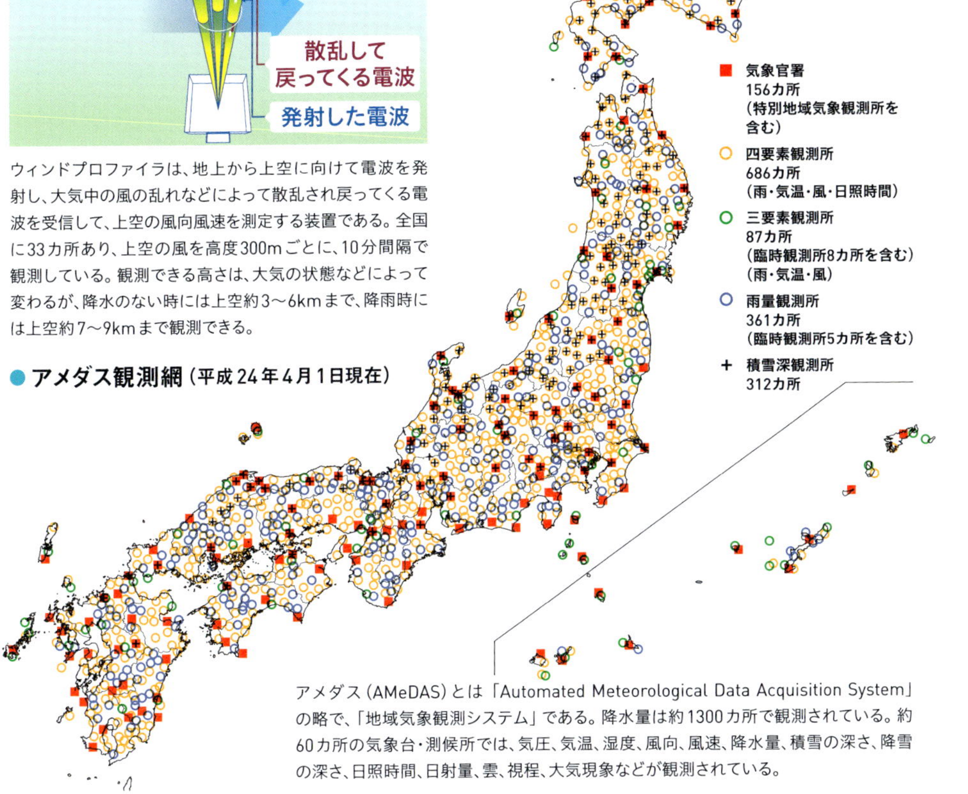

アメダス(AMeDAS)とは「Automated Meteorological Data Acquisition System」の略で、「地域気象観測システム」である。降水量は約1300カ所で観測されている。約60カ所の気象台・測候所では、気圧、気温、湿度、風向、風速、降水量、積雪の深さ、降雪の深さ、日照時間、日射量、雲、視程、大気現象などが観測されている。

ている。雪の多い地方の約310カ所では、積雪も観測している。

高層気象観測

ラジオゾンデは、気圧、気温、湿度などを測定するセンサーを搭載し、無線送信器を備えた気象観測器である。ラジオゾンデをゴム気球に吊るして飛ばし、地上から高度約30kmまでの大気の状態(気圧、気温、湿度、風向・風速など)を観測している。ラジオゾンデによる高層気象観測は、世界各地で毎日決まった時刻(日本標準時9時・21時)に行われ、気象庁では全国16カ所と南極の昭和基地で観測している。

地上から上空の観測

地上から上空に向かって電波を発射し、上空の雨や風を観測するのにはレーダー(⇒P158)やウィンドプロファイラ(上図)がある。

異常気象の予測—❶

気象庁の長期予報

多種の予報を有効活用

● 長期予報

全国を11区分し、1か月、3か月、暖候期、寒候期予報が出される。

長期予報の種類	
・1か月予報	毎週金曜
・3か月予報	月1回
・暖候期予報	年1回　2月
・寒候期予報	年1回　9月
全般季節予報と地方季節予報の2種類	

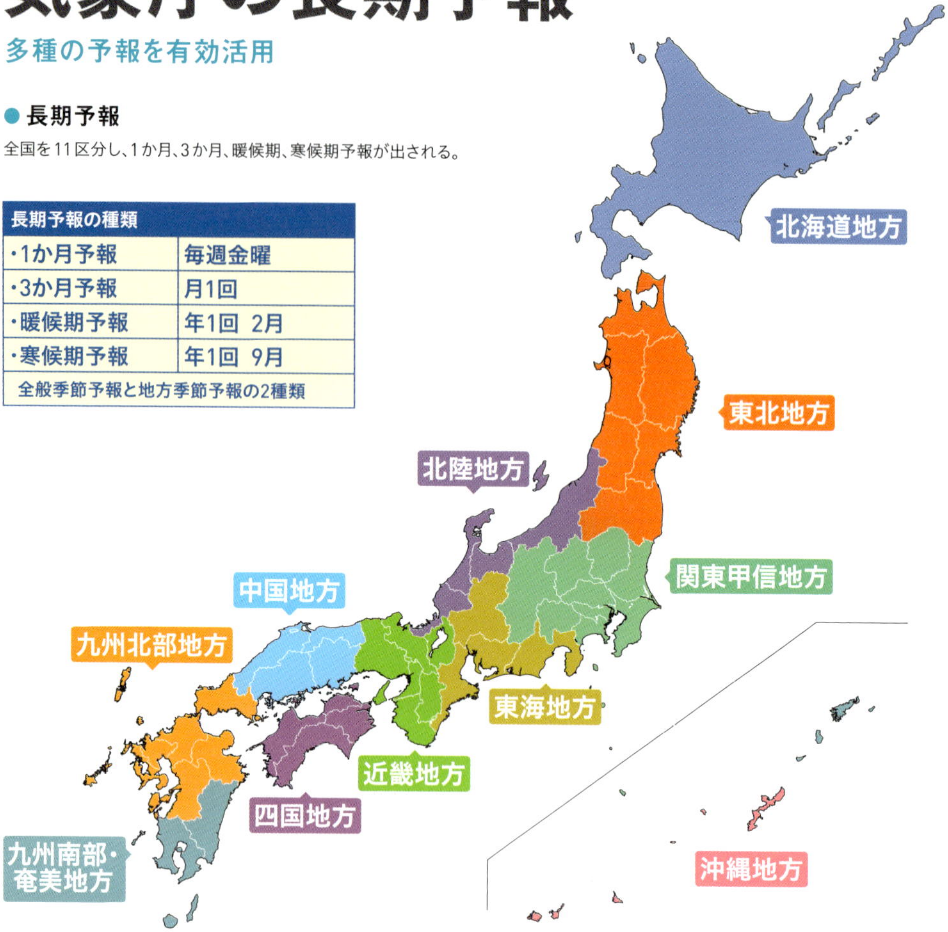

気象庁の長期予報の種類

気象庁が発表する季節予報には、1か月予報、3か月予報、暖候期予報、寒候期予報がある。季節予報にはそれぞれ全国を対象とした全般季節予報と、各地方を対象とした地方季節予報がある。地方季節予報は図のように全国を11に分けた地方ごとに出される。季節予報は、1カ月間あるいは3カ月間の平均気温や降水量、天候等の傾向を予報するもので、気温・降水量等を3つの階級（「低い（少ない）」「平年並み」「高い（多い）」）に分け、それぞれの階級が現れる確率が数値で示される。

最も先まで予報されるのは暖候期予報と寒候期予報で、それぞれ年1回発表されている。暖候期予報は2月25日頃発表され、内容は夏（6 ～8月）の平均気温と合計降水量、梅雨時期の合計降水量の出現確率である。寒候期予報は9月25日頃発表され、内容は冬

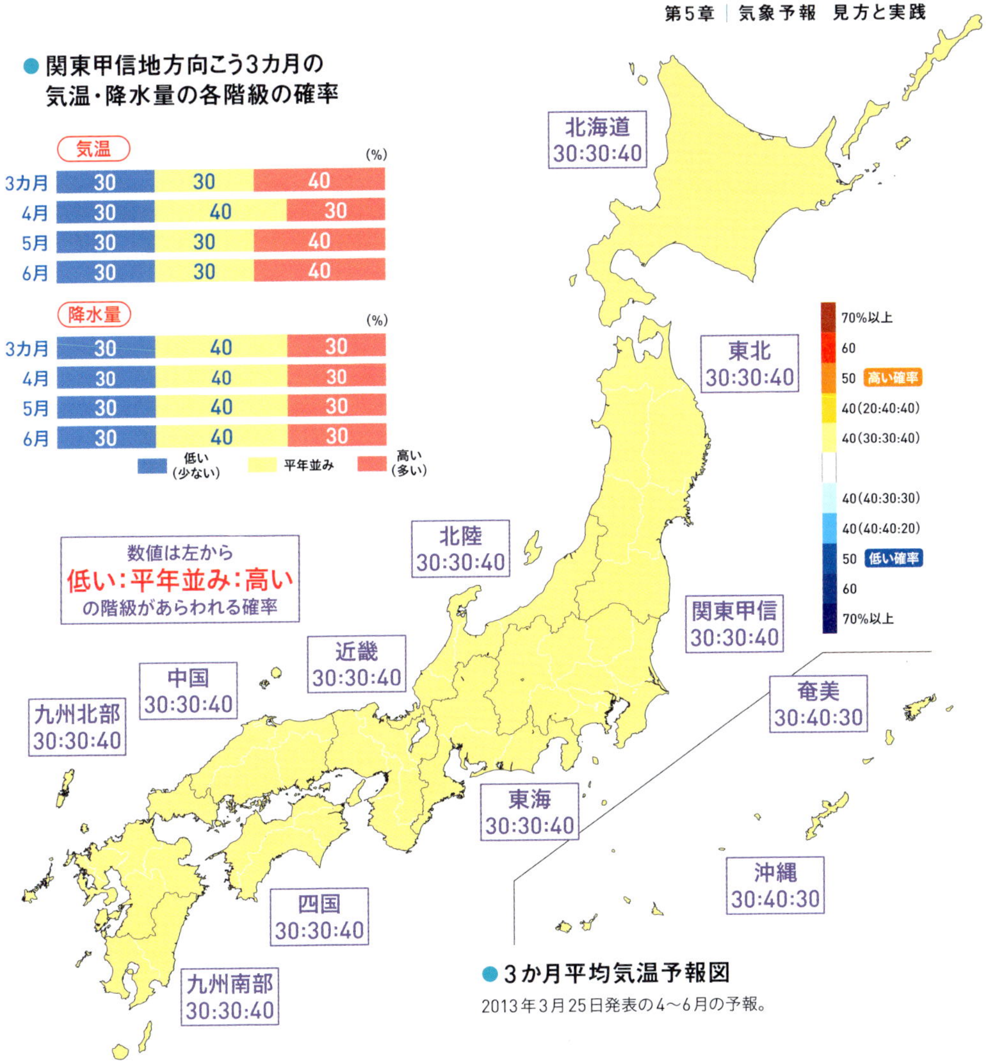

●関東甲信地方向こう3カ月の気温・降水量の各階級の確率

●3か月平均気温予報図

2013年3月25日発表の4〜6月の予報。

(12〜2月)の平均気温、合計降水量、日本海側の合計降雪量の出現確率である。約半年先までの平均気温、降水量の予報が出されるが、まだまだ精度を上げていく余地がありそうだ。

3か月予報で大きな流れを見る

3か月予報は毎月25日頃に発表され、内容は3カ月平均気温、3カ月合計降水量、月ごとの平均気温、合計降水量、日本海側の3カ月合計降雪量の出現確率である(降雪量は北日本では10〜1月、東日本・西日本は11月と12月に発表)。

2カ月、3カ月と予報期間が長くなるにつれて精度が落ちる。2カ月後、3カ月後と気温が低い確率が出ても、低くなる時期はずれることがあり、かつ今後の予報で変わる可能性があることも理解しておきたい。3か月予報は大きな流れを見て、直前の1か月予報などで修正していくことが大切である。

異常気象の予測―②

1か月予報

全国の解説にも要注目

● 850hPa気温平年差　全国の予想気温の傾向を見る

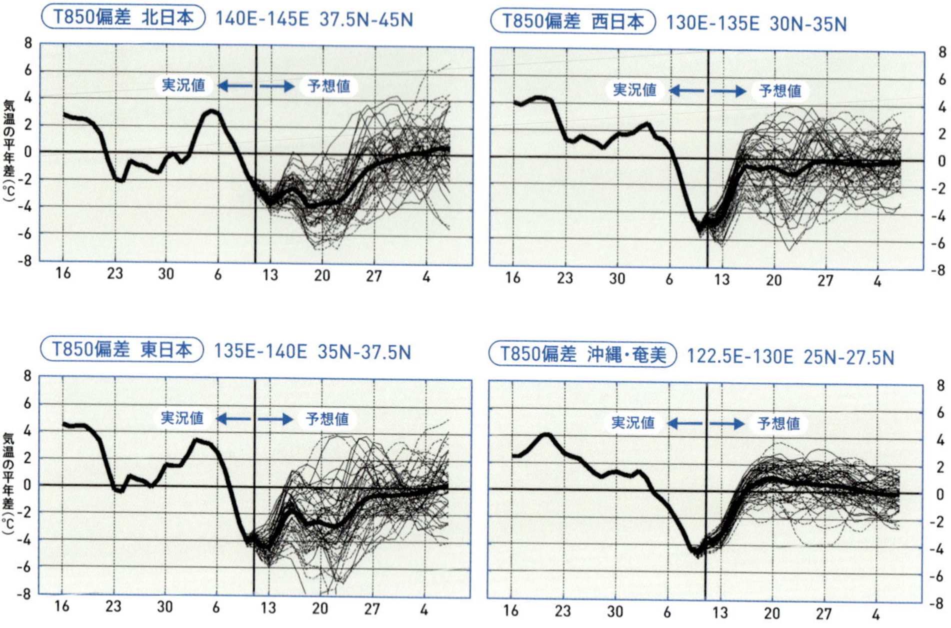

北日本、東日本、西日本、沖縄・奄美の850hPa気温平年差の時系列、数値予報の初期値に縦線が引いてあり、その左は実況値、その右は予想値（細線はアンサンブル予報各メンバー、太線はアンサンブル平均）を示す。

全般予報の解説資料にも注目

1か月予報で注目してもらいたいのが、全般予報の解説資料である。こちらも気象庁のHPから見られるが、解説の気温傾向が示されている。図は850hPa《ヘクトパスカル》の気温のアンサンブル予報である。850hPaは上空約1,500mの気温で、この傾向が地上気温の傾向と似ていると考えてよい。この時自分の知りたい地域以外にも全国的な傾向も見ておくことが大切である。気象予報には、ずれというものがあるので、他地域の傾向が自分の地域に影響することもある。また全国的に同じ傾向であれば、自分の地域もその傾向が表れやすい。

今回の例では、北日本は4月下旬にかけて気温の低い傾向が予想されているが、西日本は4月中旬にはほぼ平年並みになる。東日本は北日本と西日本の間のような傾向にあり、ど

● 関東甲信1か月予報（4月13日～5月12日の天候見通し）

2013年4月12日
気象庁地球環境・海洋部　発表

特に注意を要する事項

期間前半は気温がかなり低くなる可能性があります。

予想される向こう1か月の天候

向こう1か月の出現の可能性が最も大きい天候と、特徴のある気温、降水量等の確率は以下の通りです。

天気は数日の周期で変わるでしょう。平年と同様に晴れの日が多い見込みです。

向こう1か月の平均気温は、平年並または低い確率ともに40%です。降水量は、平年並または少ない確率ともに40%です。週別の気温は、1週目は、平年並の確率50%です。2週目は低い確率60%です。

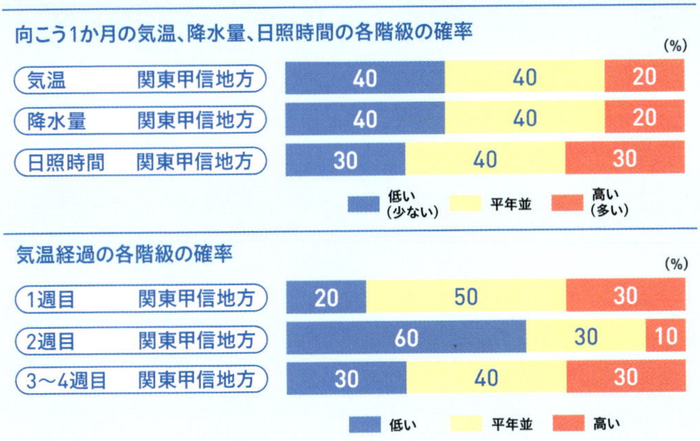

2013年4月12日発表　関東甲信地方の1か月予報。特に注意を要する事項がある場合は、上記のように初めに表記される。今回は期間前半の気温がかなり低くなる可能性があることが示されている。

ちらの傾向になるか微妙な状況であることが予想される。

地方予報の見方

地方予報は全国11の地方に分かれて出される。地方予報も解説資料の内容もチェックし、気温傾向を見るのがお勧めである。

この時の関東甲信地方の気温傾向を見ると、各週の平均は4月20日頃から低くなり、4月終わりから5月初めはほぼ平年並みになることがわかる。しかし、信頼の程度が70%の幅を見ると、プラスとマイナス両方とも2℃くらいの幅があり広い。平年より高くもなり低くもなるということである。

全国で見たように、東日本は、北日本の傾向になるのか西日本の傾向になるかが微妙であったが、こうしたことが予測の信頼度の幅につながるのである。

異常気象の予測―③

アンサンブル予報

多数の結果から予報の信頼性を知る

●アンサンブル予報

1か月予報では50例、3か月予報と暖・寒候期予報では51例を計算したアンサンブル予報が使われている。

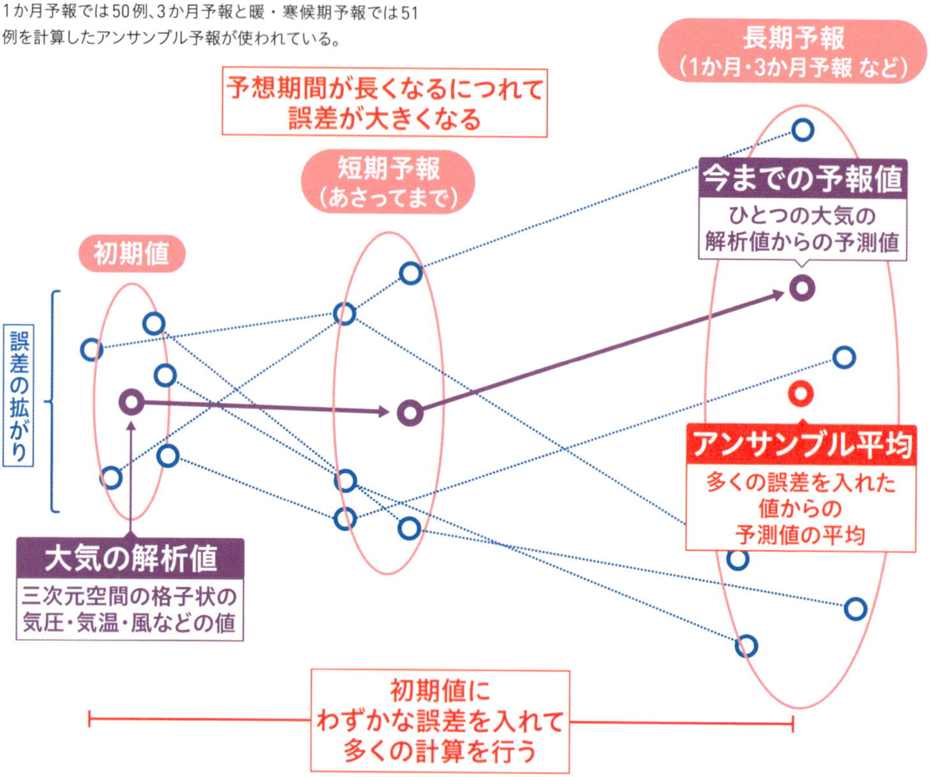

アンサンブル予報

現在の天気予報は数値予報が基になっているが、計算の大本の大気の状態には観測や解析の誤差が含まれている。その誤差はだんだんと予報期間が長くなるにつれて大きくなっていく。こうした大気の振る舞いはカオス(混沌)と呼ばれている。川にボールを2つほとんど同じ場所に置いて流すと、初めは違いがほとんどないが、時間が経つにつれて大きく離れていくようなものである。カオスの例としてバタフライ効果がよく取り上げられる。「バタフライ(蝶)が1匹ブラジルで羽をはばたかせただけで、遠いアメリカで竜巻ができてしまう」というたとえである。

初期値である大気の解析値にはもともと誤差が含まれているため、計算された予報値にも誤差が含まれている。このため、あえて初期値にわずかな誤差を入れて多くの予測計

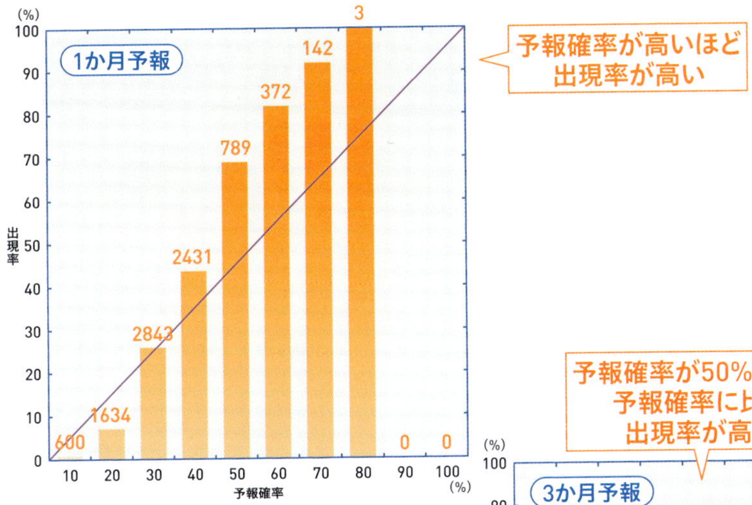

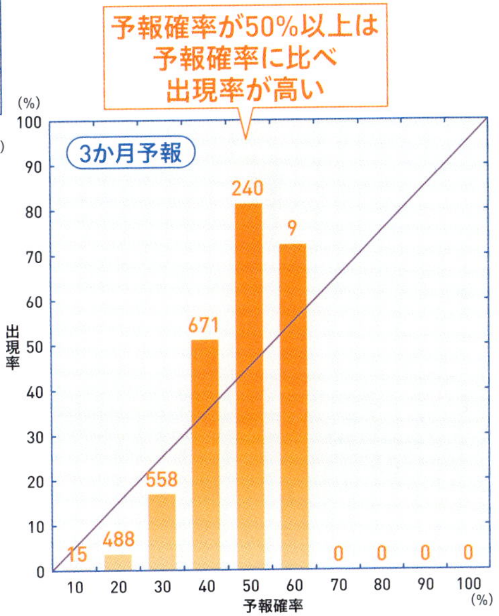

● **1か月予報と3か月予報の5年分(2007~2011年)の評価結果**

棒グラフは、「高い」「平年並み」「低い」の各階級の予報確率に対して、実際に各階級が出現した割合(出現率%)、図中の数字は各確率の予報発表回数である。例えば「高い」の予報確率が40%のとき、実況で「高い」階級の出現率が40%であれば確率の信頼度は高いと言えるので、棒グラフの出現率が実線に近いほど、確率の信頼度は高いことになる。

算を行い、多数の結果から平均やその周りのばらつきを求める方式がアンサンブル予報である。多数の結果のばらつきが小さい時は、予報がより正確であると考えられる。

長期予報の精度は?

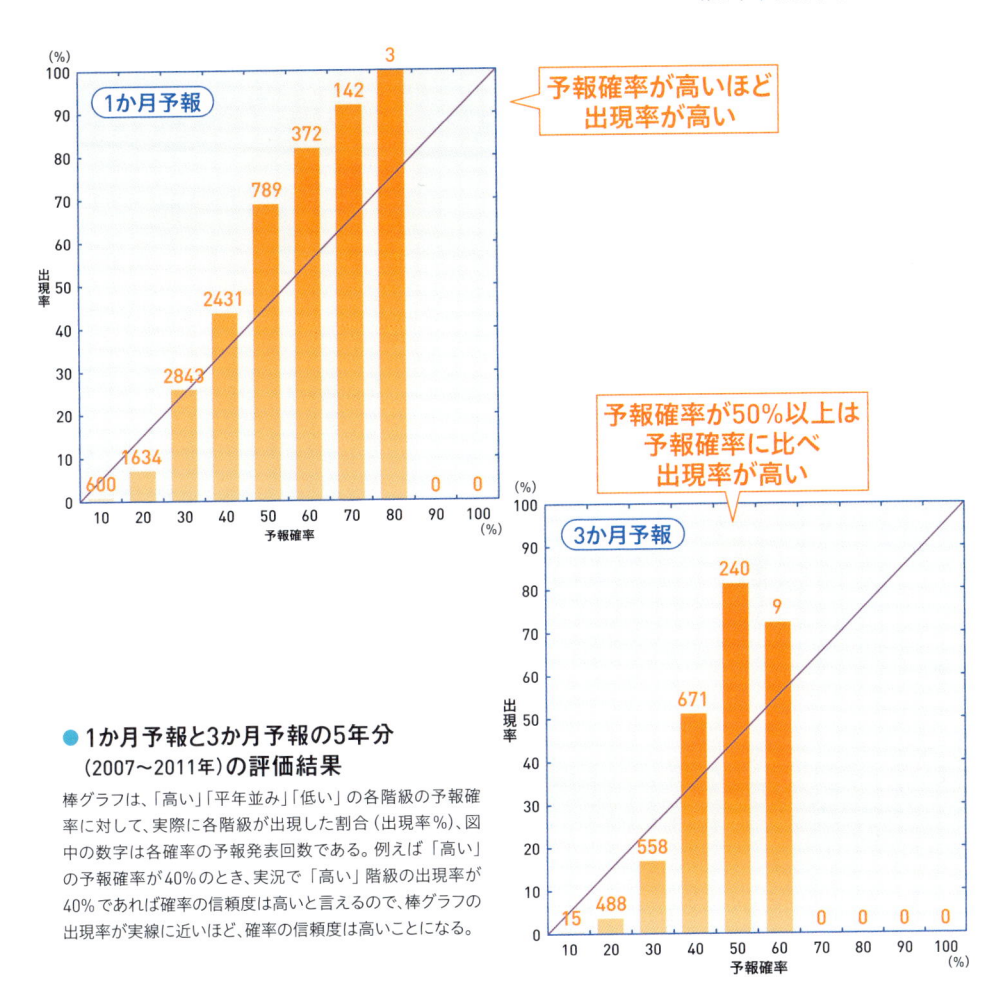

季節予報では気温、降水量などを「低い(少ない)」「平年並み」「高い(多い)」の3つに分け、それぞれの階級が起こる可能性を確率で表現している。上記の1か月と3か月予報の5年分の評価結果は確率の信頼度を示している。1か月予報の平均気温は、予報確率が高いほど出現率が高くなり、確率の高さはある程度信頼できると言える。3か月予報も概ね予報確率が高いほど出現率が高くなっているが、予報確率が20%や30%は、予報確率に比べて出現率が低く、予報確率が50%以上は予報確率に比べて出現率が高い傾向が表れている。

異常天候早期警戒情報

使いこなせば2週間先までの異常がわかる

● 異常天候早期警戒情報

平成25年4月12日発表
異常天候早期警戒情報。発表日の5日後から14日後までの7日平均気温が「かなり高い」または「かなり低い」確率が30%以上の地域と期間。

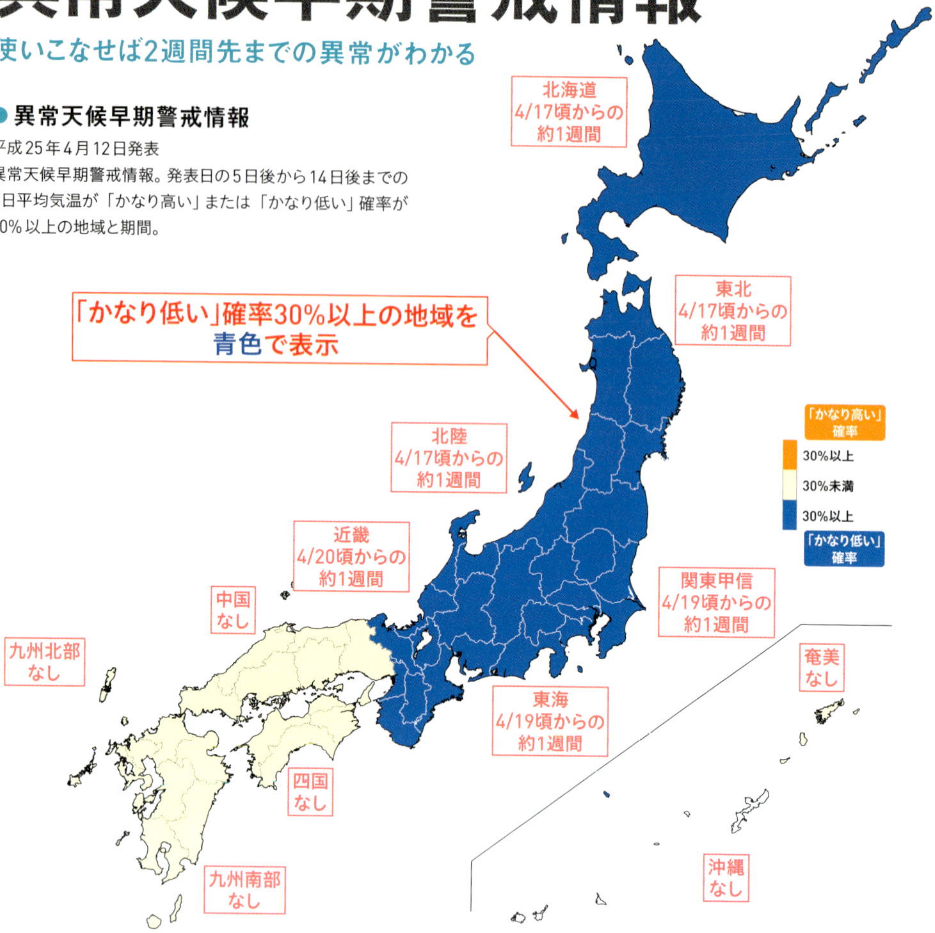

異常天候早期警戒情報

異常天候早期警戒情報は、原則、毎週火曜日と金曜日に、情報発表日の5日後から14日後までを対象として、7日平均気温が「かなり高い」または「かなり低い」となる確率が30%以上の場合に発表される。「かなり高い」「かなり低い」とは、1981～2010年の30年間の気温の出現率で、上位10%が「かなり高い」、下位10%が「かなり低い」となるように階級が定められている。

「低温に関する異常天候早期警戒情報」を発表する際、日本海側を中心とした地域を対象に7日間降雪量が平年よりかなり多くなると予想された場合、降雪に関する情報が付加される。

確率予報にも注目

火曜日と金曜日には、情報の発表に関係なく、

● 7日間平均気温の予報確率時系列図（東海地方）

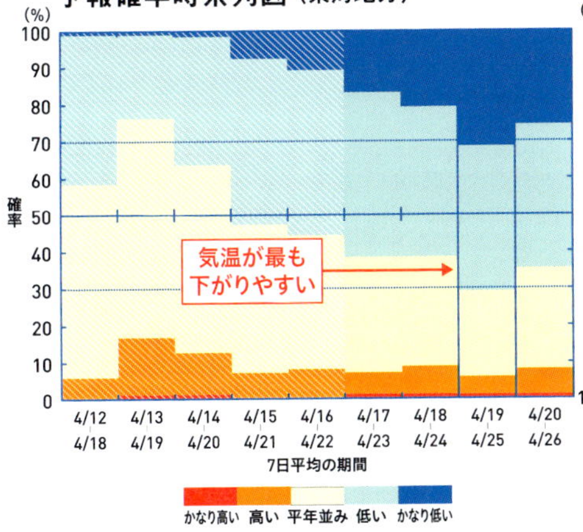

● 降水の有無・全国平均適中率

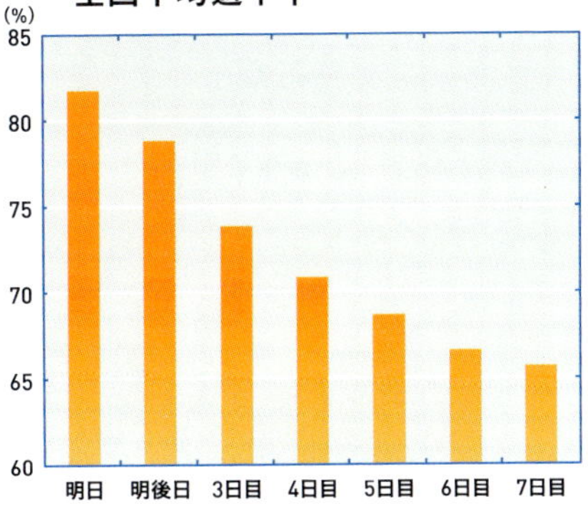

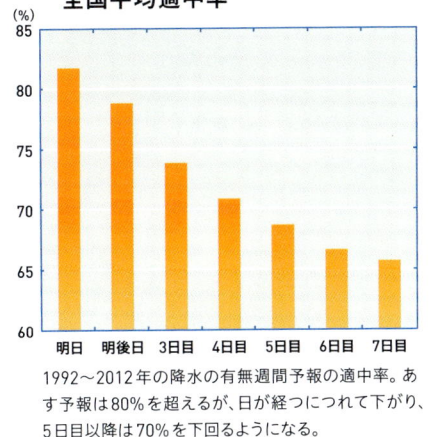

1992～2012年の降水の有無週間予報の適中率。あす予報は80%を超えるが、日が経つにつれて下がり、5日目以降は70%を下回るようになる。

● 4月19日17時、東京都の週間天気予報

日付		20 土	21 日	22 月	23 火	24 水	25 木	26 金
東京地方		曇のち一時雨	曇時々雨	曇時々晴	曇時々晴	曇一時雨	曇	晴時々曇
降水確率(%)		10/10/30/70	60	30	20	50	40	20
信頼度		／	／	B	A	C	C	B
東京	最高(°C)	12	11 (10～17)	19 (15～21)	21 (19～23)	19 (16～21)	22 (20～27)	22 (20～25)
	最低(°C)	8	7 (6～10)	10 (8～12)	11 (9～13)	14 (12～16)	15 (13～17)	15 (12～17)

予想最高気温の幅は10～17°Cと広い

検討の基になる「確率予測資料」をホームページ上で公開。これを見るとどの1週間が最も下がり（高くなり）やすいかがわかる。上記では4月19～25日までが最も下がりやすい。

週間予報は予報の幅に注目

気象庁ホームページの週間予報を詳しく見るとさまざまな情報があることが分かる。最低気温・最高気温の下には気温の予測範囲が示され、この範囲に入る確率は約80%である。この程度の幅は十分に可能性があり、上記の21日は最高気温が10～17°Cと幅広い。また25日の最高気温は22°Cであるが、25°C以上の夏日になる可能性もあることがわかる。また信頼度とは、3日目以降の降水の有無の予報について「予報が適中しやすい」ことと「予報が変わりにくい」ことを表す情報で、A、B、Cの3段階で表される。

異常気象の予測―⑤

エルニーニョ予測情報を活用

半年先まで予測可能

●海面水温図（上）と平年偏差図（下）

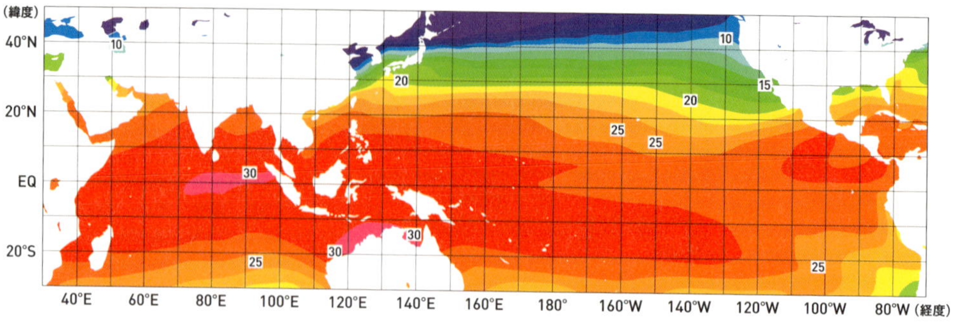

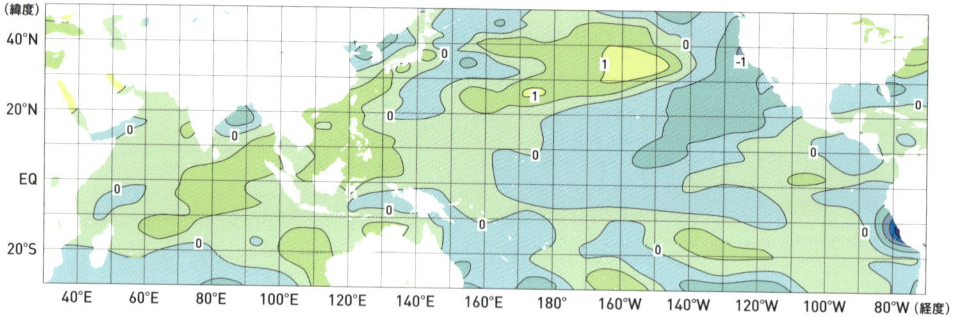

エルニーニョ監視速報の中には、上図のように海面水温図と平年偏差図が発表日の前月のものが示され、海面の状況を把握することができる。（平年値は1981～2010年の30年平均値）

エルニーニョ監視速報

異常気象の原因にもなるエルニーニョであるが、現在の技術では約半年先まで予測可能となっている。気象庁では、エルニーニョ現象など熱帯域の海洋変動を監視するとともに、それらの実況と見通しに関する情報を「エルニーニョ監視速報」として毎月1回10日頃に発表している。発表日の前月の実況と6カ月先までの見通しが書かれている。

2013年のエルニーニョ予測

上のエルニーニョ監視海域の海面水温図（2013年4月10日発表）の例では、「エルニーニョ現象もラニーニャ現象も発生していない平常の状態が続いている。今後夏にかけても平常の状態が続く可能性が高い」と発表されている。これだけ見ると、2013年夏にかけてはエルニーニョやラニーニャ現象による日本への影響はほとんどないと予想することができる。

エルニーニョ現象監視海域

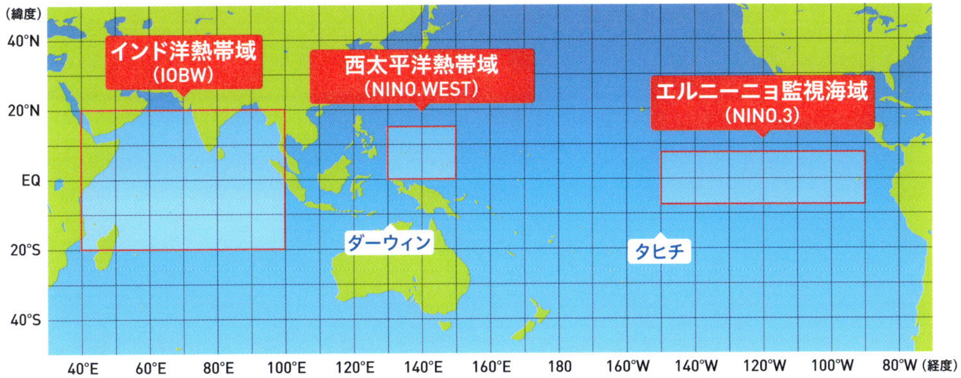

エルニーニョ監視海域の月平均海水温の基準値との差の先月までの経過とエルニーニョ予測モデルから得られた今後の予測

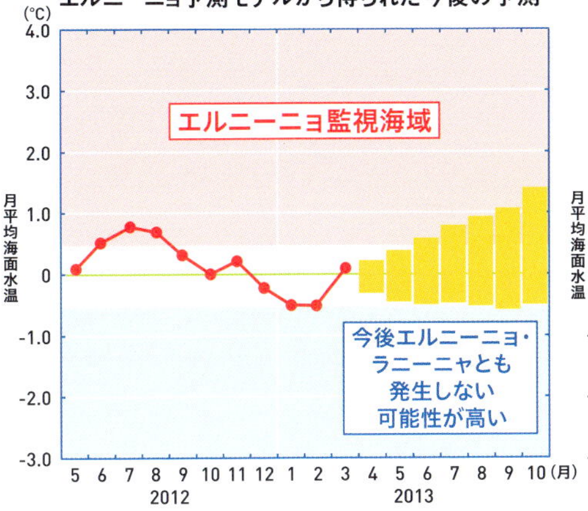

折れ線グラフの先には今後の予測が示される。

インド洋熱帯域の月平均海面水温の基準値との差の先月までの経過とエルニーニョ予測モデルから得られた今後の予測

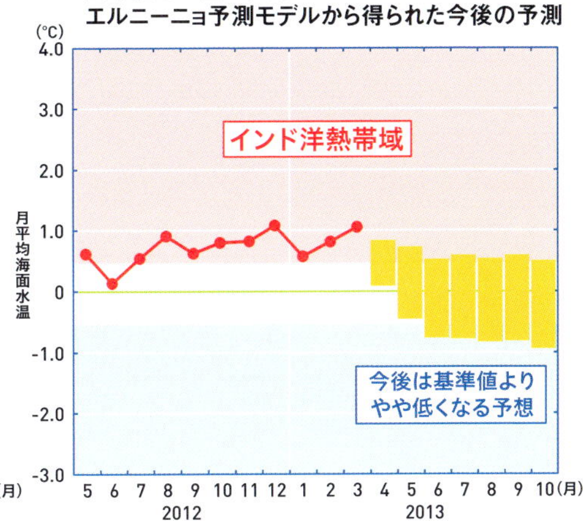

インド洋熱帯域の海面水温は、今後はやや低めに予測されている。

インド洋の予測にも注目

エルニーニョ以外にもインド洋の海面水温も日本付近に影響を与える。気象庁はインド洋の海面水温も半年先まで予測している。黄色は70%の確率で入る範囲を示しているが、上図では今後はやや低めに予測されているため、インド洋高温による日本への影響は小さいと考えられる。

気象庁はエルニーニョとインド洋以外にも西太平洋熱帯域の海面水温の予測も行っている。

今回の例の予測では、3つの海域すべてに関して、基準値からの大きな変化は見られず、2013年春から半年先までは、熱帯域からの日本への影響は小さいと予想される。しかし、海洋も常に変わりゆくものなので、最新の情報を入手して、変化に対応できるようにしておきたい。

世界の大気の流れをチェック

遠隔地からの大気の波が日本に影響

● 世界の異常気象

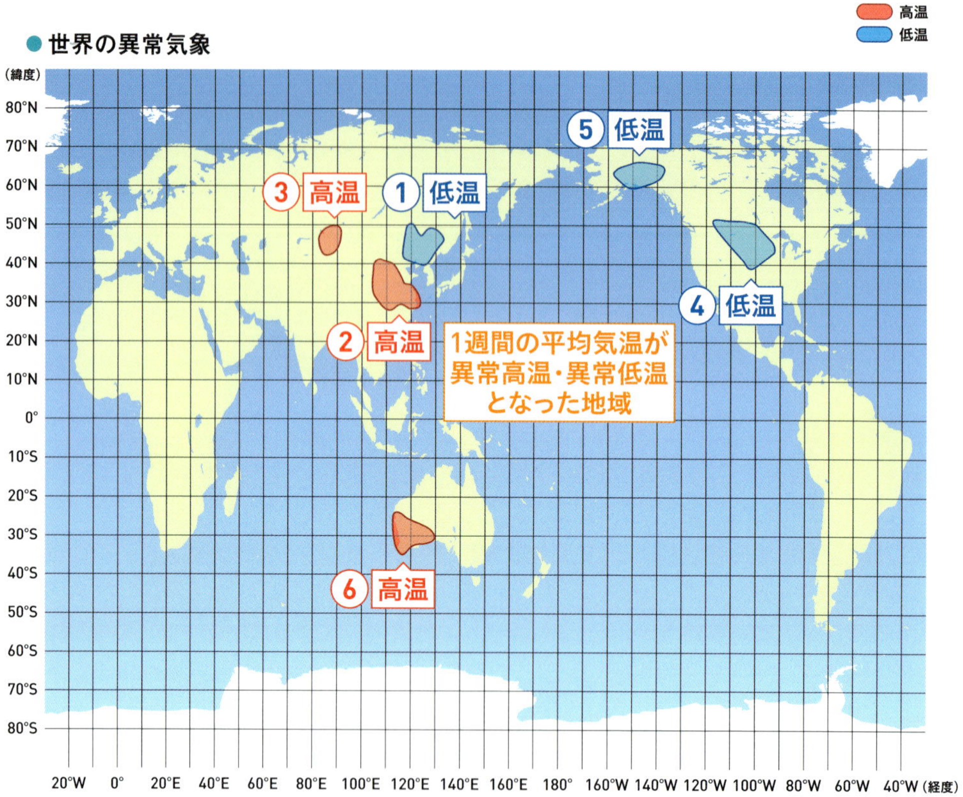

気象庁では毎週水曜日に週間の異常気象を発表している。この図は2013年4月10～16日の世界の異常気象状況を示している。

世界の異常気象

地球の大気はつながっていて、日本から離れた地域での異常気象が日本に影響を与えることもある。世界のどこかで極端な現象が起こっているということは、大気の流れが変わっているということであり、そうした波が遠くまで伝わっていく。このため、世界で起こっている異常気象もチェックすることが大切である。

気象庁では週、月、季節、年ごとにそれぞれ世界の異常気象をホームページに掲載している。週ごとは毎週水曜日に掲載され、これをチェックすると週ごとの世界の異常気象がひと目でわかる。平年から大きくかけ離れた天候により社会的に大きな影響をもたらした現象は、その特徴と要因も掲載される。

世界の大気の流れをチェック

気象庁のホームページにはさまざまな大気

● 北半球旬平均500hPa高度および平年偏差

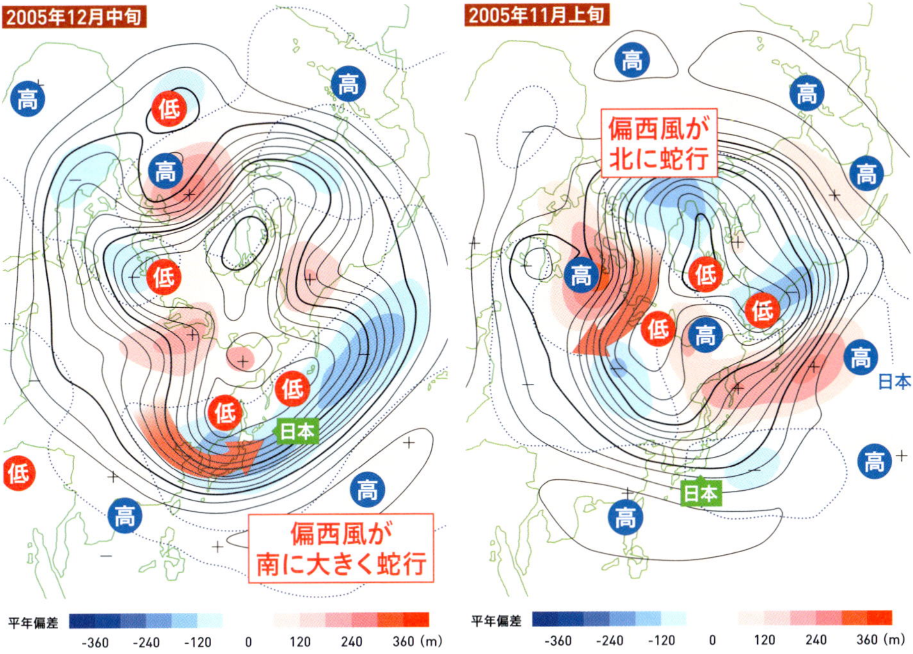

等値線は500hPa高度を表し、間隔は60m。陰影域は平年偏差を表す。平年値は1981～2010年平均値。青は平年より低く、赤は平年より高い地域を示す。

の流れの情報も掲載されている。

上図は北半球の旬別の平均500hPa《ヘクトパスカル》高度および平年偏差であり、大気の大きな流れがわかりやすい。青色が平年より低い地域、赤色が平年より高い地域である。

上左の図は平成18年豪雪となった12月中旬の大気の流れである。偏西風が大きく蛇行して、日本付近は平年より高度が低くなっている。一方、その右が同じ年の11月上旬の図である。日本付近ではまだ蛇行は見られないが、東ヨーロッパからロシア西部付近は、平年より高度が高く北に蛇行していることがわかる。こうした蛇行がその後の偏西風の流れに影響を与えて、日本付近での蛇行に影響を与えた可能性がある。こうした蛇行は他地域に影響を与えることがあるため、長期予報を考えるうえでは、遠く離れた地域の大気の流れもチェックしておくことが大切になる。

衛星画像の見方

白く輝く雲に注目

● 2013年4月15日12時の可視画像

観測間隔は、全球（衛星から見えるすべての範囲）は1時間、北半球の画像は30分である（3時半、9時半、15時半、21時半は、数値予報で利用する上空の風を算出するために、南半球の観測を行っている）。

● 2012年4月3日12時
可視画像と赤外画像（下）

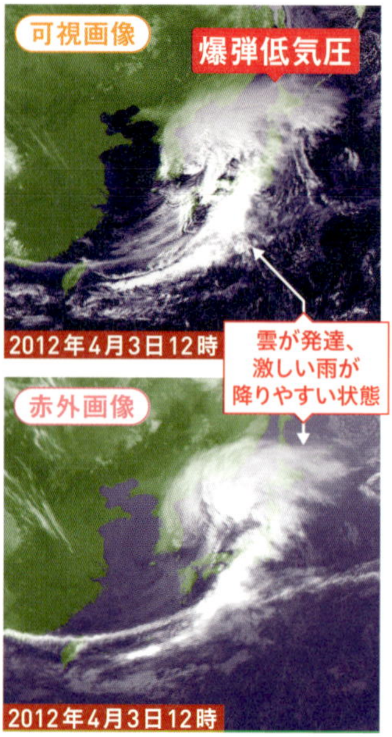

本州付近の雲は、可視、赤外画像ともに白く輝き、雲が発達していることがわかる。こうした雲の下では激しい雨が降りやすい。

3種類の衛星画像

雲画像には3種類ある。赤外画像、可視画像、水蒸気画像である。

よく使われる赤外画像・可視画像では、ともに白く輝くような色の雲は、発達した雲で、激しい雨や激しい突風をもたらすことがあり、注意が必要な雲である。

上に2012年4月3日12時の可視画像と赤外画像を示した。この日は日本海に爆弾低気圧があり、白く輝くような活発な雲が西日本から東日本にかかり、1時間に30mm以上の激しい雨を降らせた。

可視は雲が厚く、赤外は雲が高いほど白く

可視画像は、雲や地表面によって反射された太陽光を捉えた画像である。雲の厚みがあるほど太陽光を強く反射するので、より白く写る。

赤外画像は雲から放射される赤外線を捉

● 可視画像と赤外画像の違い

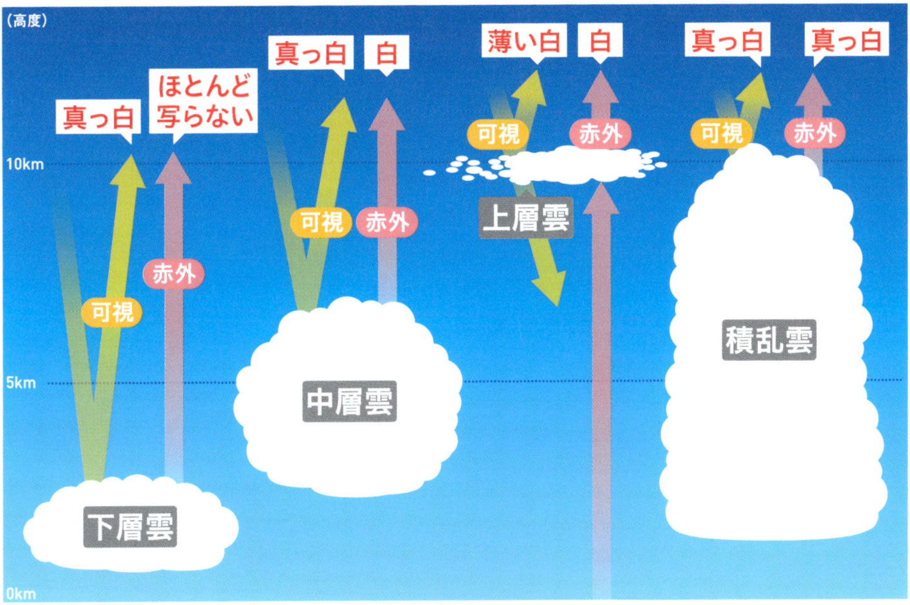

地面に近い背の低い雲や霧は赤外画像にほとんど写らないが、可視画像では雲に厚みがあれば真っ白く写る。中層雲は雲が厚いことが多く、可視画像では真っ白く写り、赤外画像も雲頂高度があるので白く写る。上層が薄い雲の場合は、可視画像ではあまり太陽光が反射しないため薄い白色、赤外画像は雲頂高度があるが、雲が薄く地面付近からの赤外線も写るため、白色になる。上層雲は可視画像より赤外画像の方が白くなりやすい。積乱雲など背の高い雲は、可視画像、赤外画像ともに真っ白に写る。

えた画像である。赤外線は温度によって強弱が決まり、温度が低いほど白く表現されている。雲頂高度が高い雲ほど温度が低いためより白く写る。

分解能は赤道付近で可視画像が1km、赤外画像は4kmと可視画像の方が詳細に捉えることができる。しかし、可視画像は太陽光の反射を捉えているため、夜間は観測することができない。

30分間隔で観測

気象庁は静止気象衛星(運輸多目的衛星ひまわり6号・7号)を用いて、赤道上空高度約3万6,000kmから雲などの観測を行っている。気象衛星は地球の自転と同じ周期で地球の周りを回っているため、いつも同じ範囲を宇宙から観測している。観測間隔は北半球の画像は30分で、台風や低気圧などを連続して観測することができる。

気象レーダーの見方

2つのレーダーを使いこなす

● 気象庁レーダーと国交省レーダー

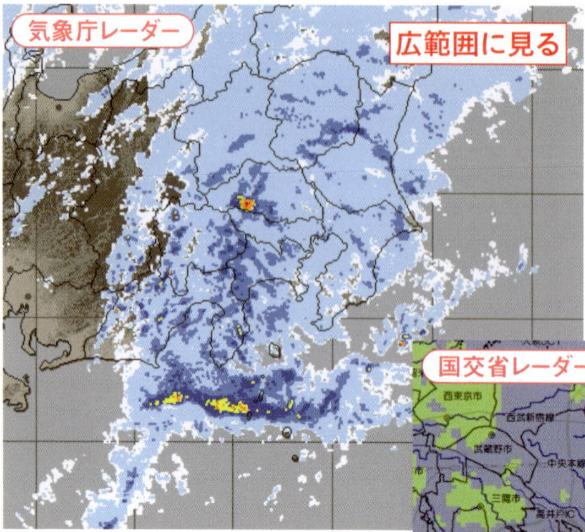

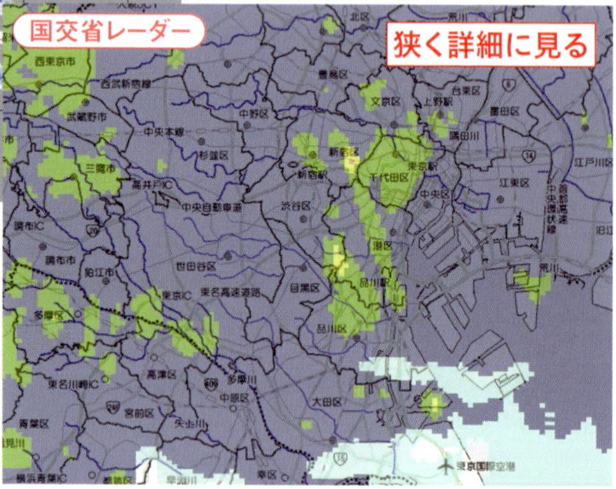

特に大雨時は気象庁レーダーだけでなく、国交省レーダーを併用することで、細かくどこでどれだけの雨が降っているのかがわかり有効である。ただし国交省レーダーは、激しい雨などにより、観測できない地域が発生することがあるので注意が必要である。

気象庁は広く国交省は狭く詳細に

全国の気象レーダー画像には2種類ある。ひとつは気象庁レーダーで、もうひとつは国土交通省のXバンドMPレーダーである。気象庁レーダーはほぼ全国の広い範囲を観測している。国交省レーダーは都市域など範囲が狭く、観測していない地域も多いが、詳細に観測している。

分解能は気象庁レーダーが1kmメッシュ（四方）であるが、国交省レーダーは250mメッシュで気象庁より16倍も詳細である。観測間隔は気象庁レーダーが5分ごと、国交省レーダーは1分間隔と短い。レーダーの観測範囲は、気象庁レーダーは半径約200kmと広いが、国交省レーダーは半径約60kmと狭い。

2つのレーダーの違いや特色をつかんでおくことが大切である。いずれのレーダー画像もホームページで見ることができる。

● 気象庁のレーダー配置図（2013年3月現在）

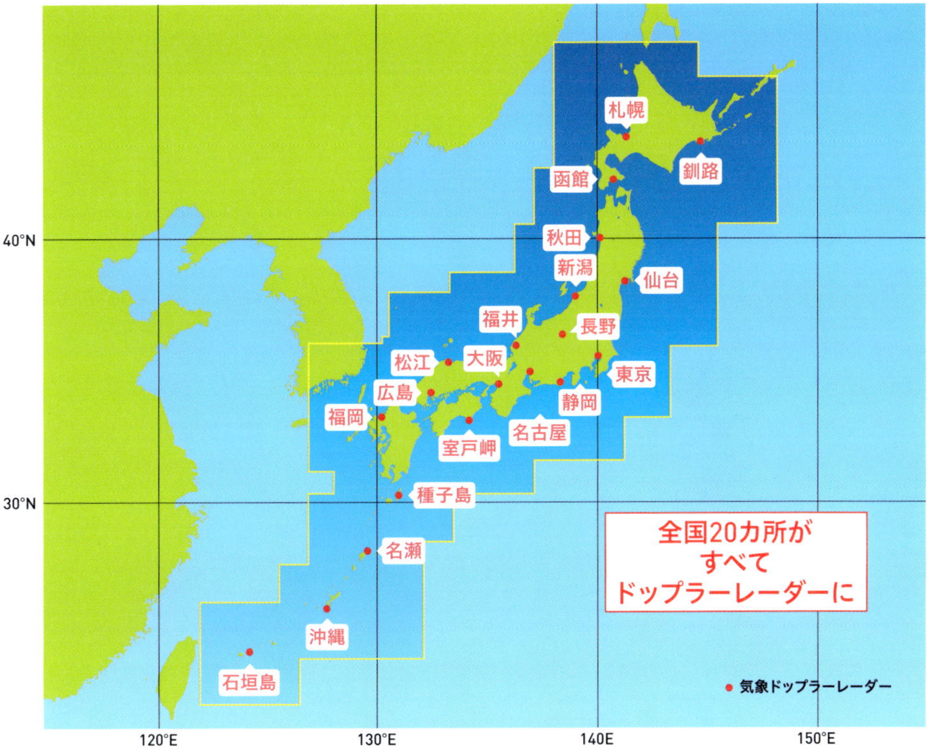

2013年3月、全国20カ所の気象レーダーがすべてドップラーレーダーになった。気象ドップラーレーダーは雨や雪の強さだけでなく、戻ってきた電波の周波数のずれを利用して、雨や雪の動きを観測できる。

気象庁レーダー

気象庁レーダーは上図のように全国20カ所に配置されている。レーダーの電波は、山などがあるとその裏側は観測することができない。日本は山が多いが、障害物によって観測できない地域がないようにレーダーの位置が考えられて、ほぼ全域をレーダーで観測できるようになっている。激しい雨によってレーダーエコーが弱められることはほとんどない。

国土交通省レーダー

国土交通省XバンドMPレーダーの画像は詳細であるが、激しい雨を観測した場合などは、レーダー電波の消散等によって激しい雨の先の観測ができなくなることがある。激しい雨が観測された場合は、レーダーから見て激しい雨の地域から遠い場所は、実際よりも雨が弱く観測されている可能性があるので注意が必要である。

気象レーダー――②

レーダー画像ここに注目

ほとんど動かない線状エコーは警戒

● 気象庁レーダー画像

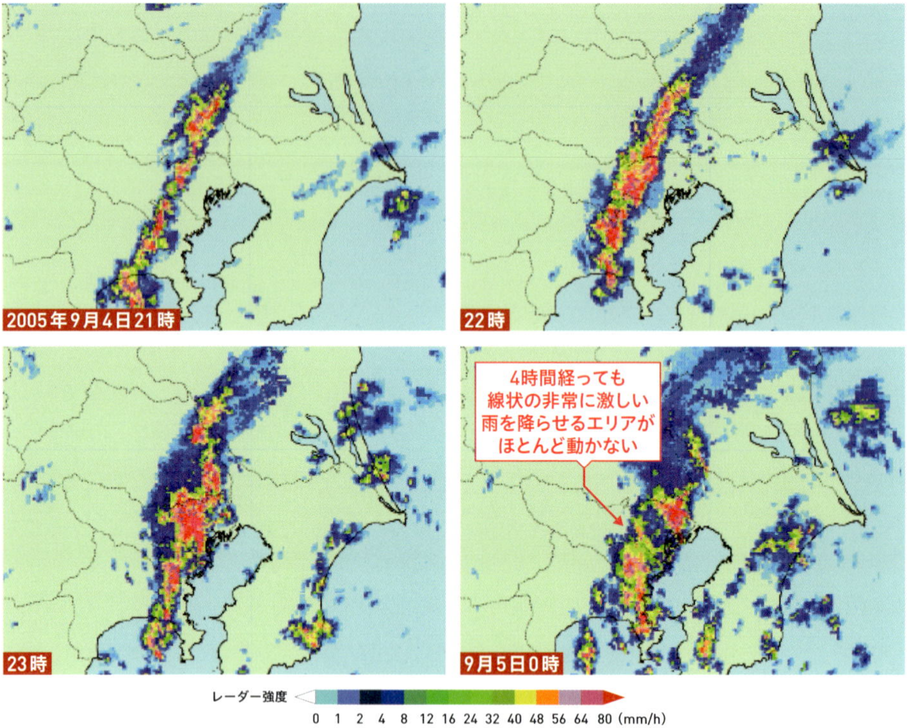

この日、関東は台風周辺の暖かく湿った空気が流れ込んだため、大気の状態が不安定で活発な雨雲が発生した。神奈川から東京、埼玉にかけて線状の活発なエコーが広がり、21時から0時までほとんど動いていないことがわかる。

線状のエコーは動きに注意

2005年9月4日の関東は、大気の状態が不安定で、レーダー画像を見ると、線状の1時間に50mmを超える非常に激しい雨を降らせるエリアが広がり、ほとんど動いていないことがわかる。東京都杉並区下井草では1時間に112mmの猛烈な雨が降り、3時間で200mmを超える大雨となった。このように線状がほとんど動かないような時は、数時間の大雨を降らせることがあり、警戒が必要である。

午前中からの雨雲発生は要注意

2008年8月5日東京地方は大気の状態が非常に不安定で、局地的に非常に激しい雨が降った。正午頃には豊島区雑司が谷の下水道作業現場で下水道管内の急な増水により工事中の作業員が流された。この時の11時のレーダー画像を見ると、すでに活発な雨雲

気象庁レーダー画像

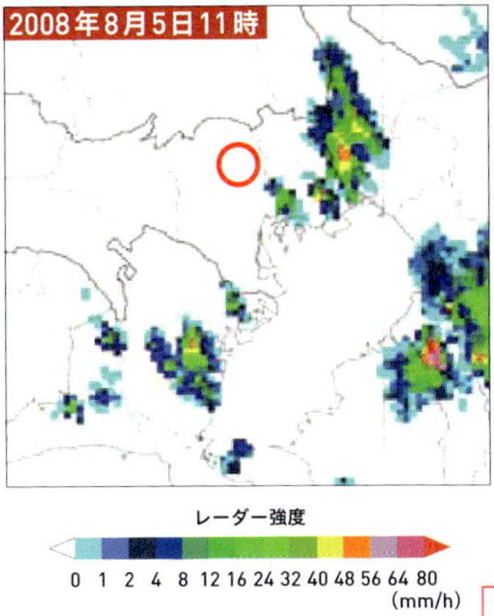
2008年8月5日11時
レーダー強度
0 1 2 4 8 12 16 24 32 40 48 56 64 80
(mm/h)

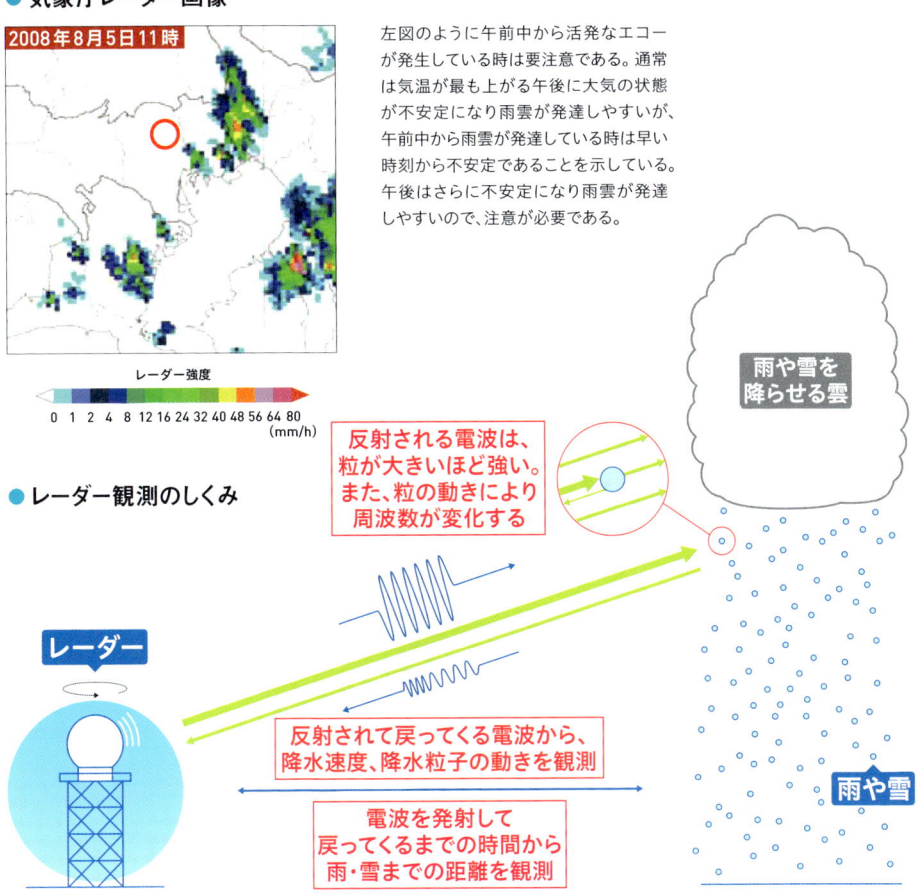

左図のように午前中から活発なエコーが発生している時は要注意である。通常は気温が最も上がる午後に大気の状態が不安定になり雨雲が発達しやすいが、午前中から雨雲が発達している時は早い時刻から不安定であることを示している。午後はさらに不安定になり雨雲が発達しやすいので、注意が必要である。

レーダー観測のしくみ

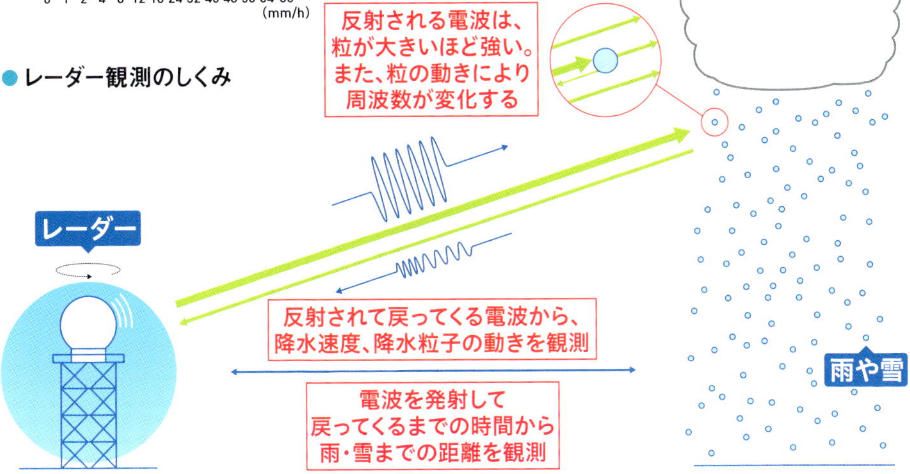
雨や雪を降らせる雲
反射される電波は、粒が大きいほど強い。また、粒の動きにより周波数が変化する
レーダー
反射されて戻ってくる電波から、降水速度、降水粒子の動きを観測
電波を発射して戻ってくるまでの時間から雨・雪までの距離を観測
雨や雪

気象レーダーは、アンテナを回転させながら電波を発射し、雨や雪の粒によって反射されて戻ってくる電波から、雨や雪の強さや分布を観測している。反射された電波をレーダーエコーと言う。

が発生していることがわかる。

通常の夏の夕立の場合は、気温が最も上がる午後になると積乱雲が発生する。午前中から活発な雨雲が発生する時は大気の状態が非常に不安定であることを表している。このため、午前中からレーダー画像に強い雨を降らせるエリアが発生している時は、午後はさらに発達する可能性があり、十分な注意が必要である。

気象レーダーの注意点

気象レーダーにはいくつかの注意点がある。①上空の雨・雪を観測しているため、地上に落ちてくる間に蒸発し地上では降らないことがある。②電波はまっすぐに進むため、遠くにある背の低い雨雲や雪雲は観測できないことがある。そのほかにもあるが、現在の雨・雪の状況を正しく把握するには、レーダーの特性を理解しておくことが大切である。

気象レーダー—③

解析雨量を活用

レーダーと地上観測を融合し、正確な雨量分布を出す

● 気象レーダーと地上観測の融合

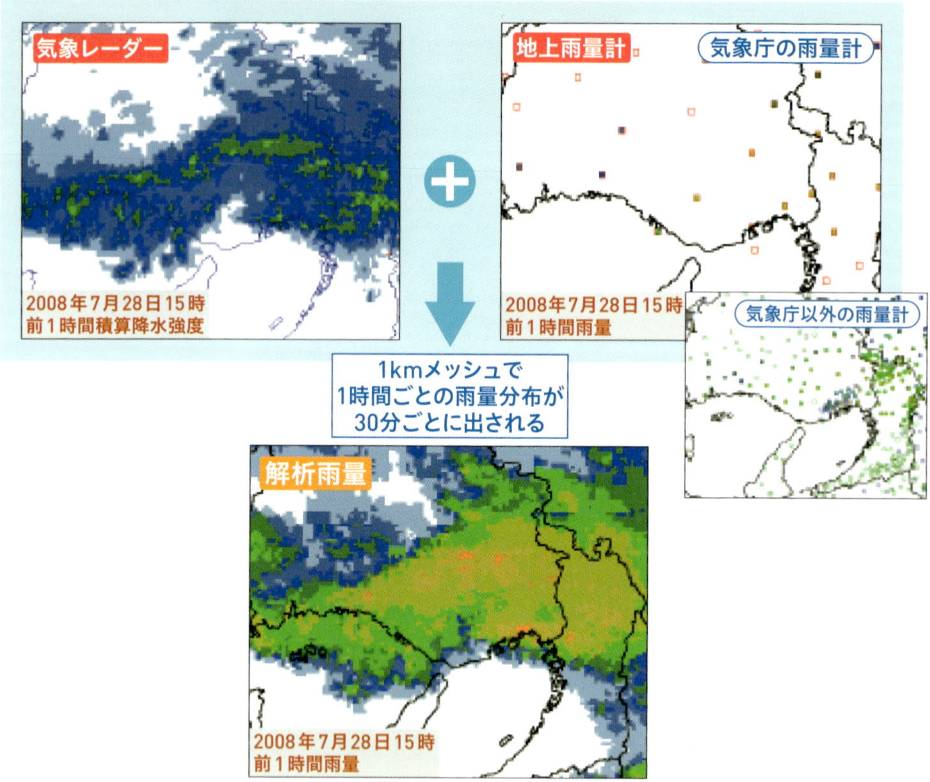

解析雨量

解析雨量とはレーダーと地上観測の長所を合わせた雨量である。レーダーは広範囲を細かく観測できるが、上空の雨・雪を観測しているため、地上での雨量とはずれがある。一方、地上の雨量計は正確な観測であるが、観測点はまばらですき間がある。そこでレーダーによる観測を地上の雨量計で補正したのが解析雨量で、面的に細かい正確な雨量分布になる。解析雨量は1kmメッシュで1時間ごとの雨量分布を30分ごとに出される。

解析雨量の精度をより高めるために、地上の雨量データは、全国約1,300カ所のアメダス以外にも国土交通省や都道府県が観測している雨量計約9,000点の雨量データも利用している。さらに気象レーダーは、気象庁が設置した20基のレーダーのほか、国土交通省が設置した26基のレーダーも使われている。

●降水短時間予報の予測手法

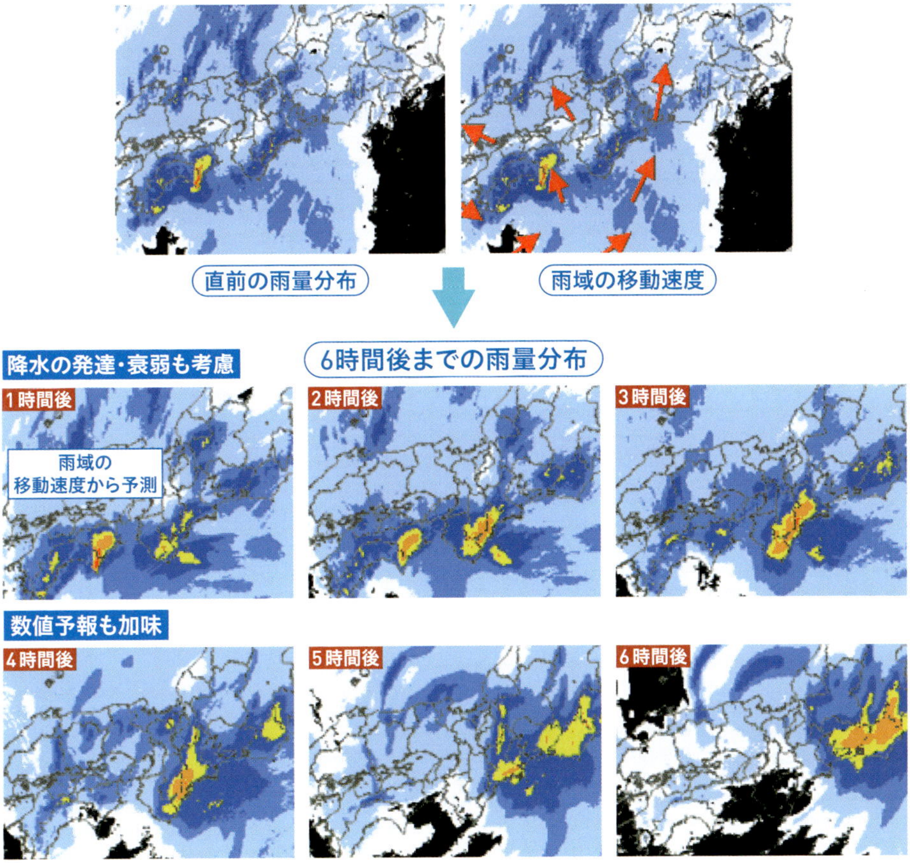

①これまでの解析雨量の雨量分布から雨域の移動速度を計測する。②降水の発達・衰弱も考慮しながら、移動速度から雨量分布を移動させる。③数値予報の降水予報も使われ、予報時間が長くなるほど数値予報の割合が高くなる。

6時間先までの降水予報

解析雨量を基に30分ごとに発表され、6時間先までの1時間ごとの降水量（1kmメッシュ）の予報が降水短時間予報である。

解析雨量の雨量分布を利用すると、過去からの変化から雨域の移動速度がわかる。この移動速度を使って直前の雨量分布を移動させるが、雨域の単純な移動だけではなく、地形の効果や直前の降水の変化を基に、今後雨が強まったり弱まったりすることも考えられている。しかし予報時間が長くなると雨域のずれが大きくなるので、予報時間の後半には数値予報による降水予測も使われ、予報時間が長くなるほど数値予報の割合が高くなる。

降水短時間予報は予報時間が長くなるほど精度が下がるので、常に最新の予報を利用することが大切である。

大雨情報の種類とタイミング

雨量が増えるにつれて災害の切迫度の高い情報が出る

● 大雨で気象台が発表する防災気象情報とタイミング

約1日程度前 大雨の可能性が 高くなる	大雨に関する 気象情報	警報・注意報に先立ち発表
	大雨注意報	警報になる可能性が ある場合はその旨予告
半日～数時間前 大雨が始まる 強さが増す	大雨に関する 気象情報	雨の状況や予想を適宜発表
数時間～ 1、2時間前	大雨警報	大雨の期間、予想雨量、 警戒を要する事項などを示す
大雨が 一層強くなる	大雨に関する 気象情報	刻一刻と変化する大雨の 状況を発表
記録的な 大雨出現 →	記録的短時間 大雨情報	数年に一度の猛烈な雨が 観測された場合に発表
被害の拡大が 懸念される →	土砂災害警戒情報	土砂災害の危険度が さらに高まった場合に発表
大雨が さらに続く →	大雨特別警報	重大な災害が起こる恐れが 著しく大きい場合に発表

大雨情報の種類は切迫度が高い順に①大雨特別警報②土砂災害警戒情報③大雨警報④大雨注意報⑤大雨に関する気象情報である。これらを補完する情報として、記録的な大雨が出現した時に記録的短時間大雨情報が出される。警報は重大な災害が起こる恐れのある時、注意報は災害が起こる恐れのある時に発表される。

大雨の防災情報とタイミング

気象庁からは大雨に関する情報だけでもさまざまな情報が出されているが、実際どのようなタイミングで出されているのか、大雨の場合について見ていく。

まず出されるのが大雨に関する気象情報で、1日程度前に大雨の可能性が高くなると出される。その後、半日～数時間前には大雨注意報が出され、大雨に関する気象情報が再度出される。

さらに数時間～1、2時間前になると大雨警報が出される。警報は大雨の直前に出される。

その後、記録的な大雨が出現すると、記録的短時間大雨情報が出され、大雨が続くと土砂災害警戒情報も出される。実際、災害の危険度が高まった時に出される情報は直前に出され、間に合わないこともあることを頭に入れ

● 大雨特別警報のイメージ

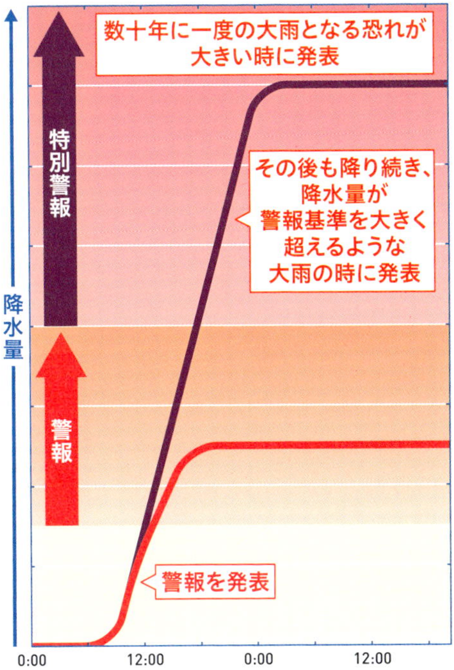

● 特別警報に相当する大雨の例

平成23年 台風第12号

平成24年7月 九州北部豪雨

大雨特別警報は数十年に一度の大雨となるおそれが大きい時に発表される。これまでに相当する大雨は、死者行方不明者29名の平成24年7月九州北部豪雨や死者行方不明者104名の2011年台風12号による豪雨などである。

ておきたい。

今後はさらに大雨が続き、重大な災害の起こる恐れが著しく大きい場合には大雨特別警報が出されることになる。

特別警報

気象庁は2013年8月30日に特別警報の運用を開始する予定である。特別警報とは、東日本大震災における津波や2011年の台風12号による豪雨、伊勢湾台風による高潮のような、警報の発表基準をはるかに超える異常な現象が予想され、重大な災害が起こる恐れが著しく大きい場合に発表される。

特別警報が出た場合、その地域は数十年に一度しかないような非常に危険な状況にあり、周囲の状況や市町村から発表される避難指示・避難勧告などの情報に留意し、ただちに命を守るための行動をとるようにする。

この本を読まれた人たちへ

気象予報士になって20年近くになるが、日々気象を色々な角度から見ていると、気象とは改めて美しく、面白く、そして怖いものと感じている。毎日空を見上げればひとつとして同じ雲はなく、空の表情は豊かである。空が美しい表情を見せた時にはホッと疲れもとれるようである。私の日々の仕事の天気予報では、頭の中で描いたように天気が変化した時は心の中でニッコリとし、外れた時は心が痛むが、なぜ外れたのかを検証していくことが大切で、不思議を解明していく面白さもある。そして気象は穏やかな時だけでなく、時に人の命を奪うような災害をもたらすことがある。恵みの雨も勢いを増せば家や人をも飲み込んでしまい、怖い表情に一変するのである。

こんなさまざまな表情を見せる気象であるが、この本は人々の関心の深い異常気象を軸に、その基礎となる一般の気象についてもひと目でわかるように図を多く解説した。気象を正しく分かりやすく表現するのはなかなか難しいものである。「ロスビー波」の解説ひとつにしても、専門用語や数式を使わず表現するのに頭を使い、さまざまな意見を交わしながら修正を重ね、ようやく完成にいたった。複雑に絡み合い変化する気象であるが、この本によって、気象に関して“分かった”が増えることを願っている。また気象の知識だけでなく、多くの情報の見方や活用の仕方、予測方法についても解説している。天気をもっと知りたい、気象予報士を受けてみたいと思っている方にもお勧めではないかと思う。

気象の予測には、ずれが伴うので、断定的に言えない部分がある。地球温暖化の予測には、想定される社会やモデルなどによっても大きな幅が生じる。現在もこうした予測技術は研究が続けられ、今後、さらに精度が上がっていくが、予測の幅がなくなることはないだろう。いずれにしても予測にはある程度の幅をもって考えておくことが大切である。

異常気象や気象災害をなくすことはできないが、今後も正しい知識と情報、そして判断と行動によって、人の命を守ることができる。この本がきっかけで、周りで起こっている気象現象の見方が深くなり、異常気象が起こった時にも冷静に判断し行動できるような人が増えてもらえれば幸いである。

最後に、異常気象の分野でも最先端の研究をされている監修の木本昌秀先生には新しい知見と適切な助言をいただき、学研パブリッシングの古川英二氏とS.K.プロの佐藤混一氏には今回こうした初めての貴重な機会を与えていただき、厚く御礼申し上げる。

佐藤公俊

索引

索引頁の細字は登場頁、**太字**は詳しく触れている頁を指します。

ま

や

ら

わ

参考資料一覧

004 写真
ロイター／アフロ
爆弾低気圧

015 気象庁提供
東京管区気象台 2008
平成20年8月5日の大雨に関する東京都気象速報
http://www.jma-net.go.jp/tokyo/sub_index/bosai/disaster/20080805/20080805.pdf

017 解析雨量
気象庁提供
http://www.jma.go.jp/jma/kishou/info/ooametebiki_shiryo.pdf

018 レーダーと雲画像
気象庁提供

021 図
気象研究所 2012
「平成24年7月九州北部豪雨」の発生要因について
http://www.jma.go.jp/jma/press/1207/23a/20120723_kyushu_gouu_youin.pdf

022 左図
気象庁提供 一部加筆
気象庁HP：http://www.jma.go.jp/jma/kishou/know/bosai/dojoshisu.html

024 レーダー図
気象庁提供

025 期間降水量図
気象庁提供
http://www.jma-net.go.jp/nara/kishou/pdf_files/t1112_20110908.pdf

027 図
作成：独立行政法人土木研究所
監修：国土交通省砂防部
深層崩壊推定頻度マップ
http://www.mlit.go.jp/common/000121614.pdf

028 図
気象庁提供
平成17年12月の天候をもたらした要因について
http://www.jma.go.jp/jma/press/0601/25a/thiswinter0125.pdf

033 写真
岡田光司／アフロ
海上竜巻写真

034 上･下の表
気象庁提供
http://www.jma.go.jp/jma/kishou/know/toppuu/tornado1-6.html
http://www.jma.go.jp/jma/kishou/know/toppuu/tornado1-5.html

035 竜巻発生分布図
気象庁提供（気象庁作成2012年8月24日）
http://www.data.jma.go.jp/obd/stats/data/bosai/tornado/stats/bunpu/bunpuzu.html

竜巻の年別発生数
気象庁提供
http://www.data.jma.go.jp/obd/stats/data/bosai/tornado/stats/annually.html

037 写真
国土地理院提供
気象庁
http://www.jma.go.jp/jma/menu/tatsumaki-portal/tyousa-houkoku.pdf

レーダー図
気象庁提供
http://www.jma.go.jp/jma/menu/tatsumaki-portal/radar.html

039 上図
気象庁提供

下図
気象庁提供
異常気象レポート2005
http://www.data.kishou.go.jp/climate/cpdinfo/climate_change/2005/1.3.2.html

044 図
気象庁提供 2010
平成22年夏の極端な高温をもたらした要因の分析
http://www.jma.go.jp/jma/press/1009/03a/extreme100903.pdf

049 下図
気象研究所 2012
平成24年4月2～3日に急発達した低気圧について
http://www.jma.go.jp/jma/press/1204/06a/20120406teikiatsu.pdf

050 風速図
気象庁提供
平成24年4月3日から5日にかけての暴風と高波
http://www.data.jma.go.jp/obd/stats/data/bosai/report/new/jyun_sokuji20120403-0405.pdf

052 上図 米国全図
NOAA
http://www.spc.noaa.gov/wcm/ustormaps/1991-2010-stateavgtornadoes.png

下図 国月別竜巻
NOAA
http://www.ncdc.noaa.gov/oa/climate/severeweather/tornadoes.html

056 北極振動と異常気象図
田中 博 2007
『偏西風の気象学』成山堂書店

057 上図
気象庁提供
北半球中緯度帯に顕著な寒波をもたらした
大気の流れについて
http://www.jma.go.jp/jma/press/1003/03a/
extreme33.pdf

下図
気象庁提供

060 海水温図
気象庁提供

069 上図
独立行政法人 海洋研究開発機構
http://www.jamstec.go.jp/j/kids/press_
release/20120201/

下図
独立行政法人 海洋研究開発機構
http://www.jamstec.go.jp/j/kids/press_
release/20120201/

073 図
気象庁提供
http://www.data.jma.go.jp/gmd/cpd/data/elnino/
learning/tenkou/sekai5.html

074 図
気象庁提供
http://www.data.kishou.go.jp/climate/cpdinfo/
temp/an_wld.html

075 上図 降水量偏差
気象庁提供
http://www.data.kishou.go.jp/climate/cpdinfo/
temp/an_wld_r.html

下図 100年あたりの変化率
気象庁 2008
IPCC第4次評価報告書第1作業部会報告書
技術要約P24
http://www.data.kishou.go.jp/climate/cpdinfo/
ipcc/ar4/ipcc_ar4_wg1_ts_Jpn.pdf

076 図
気象庁提供
http://www.data.kishou.go.jp/climate/cpdinfo/
temp/an_jpn.html

077 上図
気象庁提供
http://www.data.kishou.go.jp/climate/cpdinfo/
temp/an_jpn_r.html

下図
気象庁 2012
気候変動監視レポート2011
http://www.data.kishou.go.jp/climate/cpdinfo/
monitor/2011/pdf/ccmr2011_all.pdf

078 図
IPCC 2007
IPCC Fourth Assessment Report:
Climate Change 2007
http://www.ipcc.ch/publications_and_data/ar4/
wg1/en/figure-spm-6.html

気象庁 2008
IPCC第4次評価報告書第1作業部会報告書
技術要約 P55
http://www.data.kishou.go.jp/climate/cpdinfo/
ipcc/ar4/ipcc_ar4_wg1_ts_Jpn.pdf

079 上・下図
文部科学省 気象庁 環境省 2009
温暖化の観測・予測及び影響評価統合レポート
「日本の気候変動とその影響」
http://www.env.go.jp/earth/ondanka/rep091009/
full.pdf

080 図
IPCC 2007
IPCC Fourth Assessment Report: Climate
Change 2007
http://www.ipcc.ch/publications_and_data/ar4/
wg1/en/figure-spm-7.html

文部科学省 気象庁 環境省 2009
温暖化の観測・予測及び影響評価統合レポート
「日本の気候変動とその影響」
http://www.env.go.jp/earth/ondanka/rep091009/
full.pdf

081 3つの図
文部科学省 気象庁 環境省 2009
温暖化の観測・予測及び影響評価統合レポート
「日本の気候変動とその影響」
http://www.env.go.jp/earth/ondanka/rep091009/
full.pdf

082 図
気象庁、気象研究所、
地球科学技術総合推進機構 2007
人・自然・地球共生プロジェクト平成18年度報告書
文部科学省 気象庁 環境省 2009
温暖化の観測・予測及び影響評価統合レポート
「日本の気候変動とその影響」
http://www.env.go.jp/earth/ondanka/rep091009/
full.pdf

083 上図
気象庁 2012
気候変動監視レポート2011
http://www.data.kishou.go.jp/climate/cpdinfo/
monitor/2011/pdf/ccmr2011_all.pdf

下図
気象庁 2008
地球温暖化予測情報第7巻
http://www.data.kishou.go.jp/climate/cpdinfo/
GWP/Vol7/pdf/synthesis.pdf

参考資料一覧

084 コラム
文部科学省・気象庁・環境省・経済産業省 2007
気候変動2007：統合報告書 政策決定者向け要約
http://www.env.go.jp/earth/ipcc/4th/syr_spm.pdf

088 スーパーセル概念図
気象庁・気象研究所、2012
平成24年5月6日に発生した竜巻について（報告）
http://www.jma.go.jp/jma/menu/tatsumaki-portal/tyousa-houkoku.pdf

089 写真
sciens fuction／アフロ
スーパーセル

メソサイクロン図
気象研究所（加藤輝之、津口裕茂、益子渉）2012
2012.6.30：竜巻講演会 資料
http://www.mri-jma.go.jp/Topics/Kouenkai201206/120630_Tsukuba-tornado-kato.pdf

091 下図 つくば市気象
気象研究所（加藤輝之、津口裕茂、益子渉）2012
2012.6.30：竜巻講演会 資料
http://www.mri-jma.go.jp/Topics/Kouenkai201206/120630_Tsukuba-tornado-kato.pdf

103 右上 雨・雪判別図
編集 気象庁予報部 2007
平成19年度数値予報研修テキスト
「新しい数値予報モデルの特性」
㈶気象業務支援センター

115 雹発生件数
気象庁提供

129 上図 天気図
気象庁提供

131 高層天気図
気象庁提供

132 高層天気図
気象庁提供

133 高層天気図
気象庁提供

134 高層天気図
気象庁提供

135 高層天気図
気象庁提供

136 高層天気図
気象庁提供

137 高層天気図
気象庁提供

138 天気図2つ
気象庁提供

141 上図
気象庁提供

143 図
アメダス観測網
気象庁提供

145 3か月予報
気象庁提供

146 図
気象庁提供

147 1か月予報
気象庁提供

149 評価結果
気象庁提供

150 図
気象庁提供

151 3つの図
気象庁提供

152 上・下図
気象庁提供

153 3つの図
気象庁提供

154 図 世界の異常気象
気象庁提供

155 図
気象庁提供

156 雲画像3図
気象庁提供

158 気象庁レーダー
気象庁提供

158 国交省レーダー
国土交通省提供

159 図
気象庁提供

160 レーダー画像
気象庁提供

161 レーダー画像
気象庁提供

161 レーダーしくみ図
気象庁提供

162 図
気象庁提供

163 降水短時間予報手法
気象庁提供

164 図（一部加筆）
気象庁提供

165 図・写真
気象庁提供

参考文献一覧

白鳥 敬『天気と気象』学研教育出版 2008
植田宏昭『気候システム論』筑波大学出版会 2012
下山紀夫・伊東譲司『天気予報のつくりかた』東京堂出版 2007
田中 博『偏西風の気象学』成山堂書店 2007
吉崎正憲・加藤輝之『豪雨・豪雪の気象学』朝倉書店 2007
日本気象学会編『新教養の気象学』朝倉書店 1998
青木 孝監修『図解 気象・天気のしくみがわかる事典』成美堂出版 2010
編集 水谷 仁『みるみる理解できる 天気と気象』増補改訂版 ニュートンプレス 2011
小倉義光『一般気象学』(第2版) 東京大学出版会 1999
編集 新田 尚・野瀬純一・伊藤朋之・住 明正『気象ハンドブック』(第3版) 朝倉書店 2005
気象庁 平成19年度数値予報研修テキスト「新しい数値予報モデルの特性」気象業務支援センター 2007

NHK放送文化研究所編『NHK気象・災害ハンドブック』日本放送出版協会 2005
NHK放送文化研究所編『NHK気象ハンドブック』日本放送出版協会 1996
新田尚編著『誰でもできる 気象・大気環境の調査と研究』オーム社 2005
リチャード・ムラー『サイエンス入門Ⅰ』楽工社 2011
村松照男『天気の100不思議』東京書籍 2005
有馬朗人・他『理科の世界 2年』大日本図書 2011
岩谷忠幸監修『プロが教える気象・天気図のすべてがわかる本』ナツメ社 2011
日本気象協会編『わかりやすい天気図の話』日本気象協会 1992
岩田総司『Q&A天気なんでだろう劇場』岩崎書店 2004
上野 充・山口宗彦『図解 台風の科学』講談社 2012
保坂直紀『謎解き・海洋と大気の物理』講談社 2003
植田宏昭監修 保坂直紀著『異常気象』ナツメ社 2000
S.Wakabayashi and R. Kawamura: *Extraction of Major Teleconnection Patterns Possibly Associated with the Anomalous Summer Climate in Japan.* J.Meteor. Soc. Japan 2004
日本気象学会 機関誌「天気」各号

写真提供
読売ニュース写真センター
P016 神戸・都賀川の事故 P023 東海豪雨の広域洪水 P027 紀伊半島大水害
P036 国内最大規模の竜巻被害 P040 伊勢湾台風の爪跡
P045 猛暑 P113 首都の落雷 P115 大粒の雹

新潟日報 P050 爆弾低気圧による新潟市内の被害
富士吉田市 P095 富士山
旭川市 P117 旭川のダイヤモンドダスト
高峰温泉 後藤英男 P118 佐久平を覆いつくした大雲海
釧路市 P119 釧路湿原の霧

著者

佐藤公俊 **さとう・きみとし**

気象予報士・防災士

1973年東京生まれ。明治大学在学中に第1回気象予報士試験で気象予報士の資格を取得。2003年からはNHKの全国枠で気象情報を担当。学生時代は野球に熱中。特技は手話とパントマイム。一般財団法人日本気象協会所属。

監修

木本昌秀 **きもと・まさひで**

東京大学大気海洋研究所 教授

1980年京都大学理学部卒業後、気象庁入庁。気象庁予報部、気象研究所に勤務。1994年より東京大学気候システム研究センター。2001年より現職。専門は気象学、気候力学、グローバルな異常気象、気候変動、地球温暖化の研究。

編集

S.K.プロ（佐藤滉一）

校閲

安部いずみ

装丁

河原デザイン事務所

パーフェクト図解

天気と気象 異常気象のすべてがわかる！

2013年8月13日 第1刷発行

著者

佐藤公俊

監修

木本昌秀

発行人

河上　清

編集人

姥　智子

編集

古川英二

発行所

株式会社 学研パブリッシング

〒141-8412

東京都品川区西五反田2-11-8

発売元

株式会社 学研マーケティング

〒141-8415

東京都品川区西五反田2-11-8

印刷所

凸版印刷株式会社

この本に関する各種お問い合わせ先

《電話の場合》

編集内容については

TEL: 03-6431-1223（編集部直通）

在庫、不良品（落丁、乱丁）については

TEL: 03-6431-1201（販売部直通）

《文書の場合》

〒141-8418 東京都品川区西五反田2-11-8

学研お客様センター

『パーフェクト図解 天気と気象 異常気象のすべてがわかる！』係

この本以外の学研商品に関するお問い合わせは下記まで。

TEL: 03-6431-1002（学研お客様センター）